3D打印技术

（基础篇）

3D DAYIN JISHU JICHUPIAN

主　编　段虎明

副主编　张　彪　夏建刚

参　编　刘成义　黄仁清　张　旸　唐定超　张红林
　　　　田　燕　马　婧　罗海涛　王　维　魏良庆
　　　　李玖林　杨　睿　彭秋林　田林平

重庆大学出版社

图书在版编目(CIP)数据

3D 打印技术:基础篇/段虎明主编. --重庆:重
庆大学出版社,2021.7
职业教育增材制造专业系列教材
ISBN 978-7-5689-2733-8

Ⅰ.①3… Ⅱ.①段… Ⅲ.①立体印刷—印刷术
Ⅳ.①TS853

中国版本图书馆 CIP 数据核字(2021)第 102056 号

职业教育增材制造专业系列教材
3D 打印技术(基础篇)

主　编　段虎明
副主编　张　彪　夏建刚
策划编辑:章　可
责任编辑:章　可　　版式设计:尹　恒
责任校对:关德强　　责任印制:赵　晟

*

重庆大学出版社出版发行
出版人:饶帮华
社址:重庆市沙坪坝区大学城西路 21 号
邮编:401331
电话:(023)88617190　88617185(中小学)
传真:(023)88617186　88617166
网址:http://www.cqup.com.cn
邮箱:fxk@ cqup.com.cn(营销中心)
全国新华书店经销
重庆巍承印务有限公司印刷

*

开本:787mm×1092mm　1/16　印张:8　字数:181 千
2021 年 7 月第 1 版　　2021 年 7 月第 1 次印刷
ISBN 978-7-5689-2733-8　定价:42.00 元

前言
PREFACE

本书的教学目标是使学生了解3D打印常见技术,并掌握常见3D打印的操作技能,达到国家初级职业资格水平。

本书以学生就业为导向,以学生为主体,以培养学生的职业核心能力为目标,着眼于学生职业生涯的持续发展。把对学生职业素养的培养融入教学过程中,让学生在完成每个模块学习任务的同时,掌握3D打印基础知识和技能,真正做到"边做、边学、边教",真正体现"工学结合"。

3D打印(也称增材制造)技术是一种非传统加工工艺,作为新型的制造方式,经过三十余年的发展,技术已经比较成熟,广泛应用于航空航天、军工、汽车模具、文创、医疗、教育等领域。3D打印技术可以弥补传统工艺制造的缺陷,快速实现零件制造,这也符合现代和未来制造业中产品的个性化、定制化、特殊化的发展特点,对产业产生了革命性影响。

为了让学生对3D打印技术有比较全面的认识,本书从3D打印技术基础出发,分别介绍了3D打印现状和发展趋势、3D打印原理及优缺点、非金属3D打印技术、金属3D打印技术。

在构建知识体系方面,编者收集整理了大量文献,谨慎思考,力求完整全面,选取最新公认的研究成果,保证先进性和正确性。尽量采取通俗易懂的语言进行讲述,降低学习难度。本书在编写过程中得到了国内外3D打印企业及服务商的大力支持,特别感谢湖南华曙高科、SLM Solutions等公司以及3D科学谷为本书的编写提供资料,也得到了多位专家、老师、技术人员的帮助,是集体智慧的结晶。

　　本书的呈现方式有图、文、表，形象生动，趣味性强，符合学生的认知特点，内容可操作性强，容易激发学生的学习兴趣。

　　由于编者水平有限，书中难免存在疏漏之处，敬请读者批评指正，以便使本书更加完善。

编　者

2021 年 1 月

目录
CONTENTS

模块一 认识精彩的 3D打印

模块概述

我国增材制造技术的研究起步于 20 世纪 90 年代，经过多年的发展，已经具备良好的技术基础，在某些技术领域实现了一定的突破，完成了关键工艺技术的研发和生产装备的制造，3D 打印产业化进程加速明显，行业应用也不断拓展和深化。本模块主要介绍 3D 打印的概念、特点、发展等，通过学习，使学生对 3D 打印有一个基本的认识。

学习目标

- 掌握3D打印的基础知识
- 了解3D打印的发展历史
- 了解3D打印的发展趋势

任务一 · 感知 3D 打印

学习提要

➕ 理解 3D 打印的概念及原理。
➕ 了解 3D 打印的分类及优缺点。

学习内容

一、3D 打印的概念及原理

3D 打印技术，又称为增材制造或者快速成型技术，是一种集机械、电子、软件、材料等多个学科知识为一体的制造技术。

增材制造，顾名思义，就是增加材料，以从无到有的方式完成制造。大到建筑行业的混凝土浇筑，小到蛋糕行业的奶油裱花工艺，都可以看作是增材制造。

美国材料与试验协会增材制造技术委员会（ASTM F42）对增材制造的定义：一种与减材制造相反，根据三维数据把材料集中于一体的生产过程。按照这一定义，增材制造必须由数据驱动。

3D 打印和传统打印类似，都是由数据驱动硬件完成打印，但两者在打印材料和原理上存在极大的差异。3D 打印材料分为金属和非金属两大类，材料形态包括液态、固态（粉末）等，每一类材料都对应一种或多种打印原理。

3D 打印流程一般包括数据获取、数据处理、打印和后处理 4 个步骤，如图 1-1 所示。前两个步骤主要涉及三维图像软件和光学成像技术，第三个步骤涉及材料、机械和电子方面的技术，第四个步骤涉及机械加工和材料方面的技术。4 个步骤相辅相成，任何一个环节存在问题都会影响打印的最终效果。

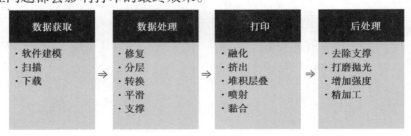

▲图 1-1　3D 打印流程

由于 3D 打印所涉及的技术和领域广泛，行业内的关注点普遍集中在打印步骤，3D 打印的核心技术也围绕着这一内容发展。图 1-2 到图 1-8 所示为 3D 打印的过程和成品。

▲图 1-2 蜂窝球打印过程图

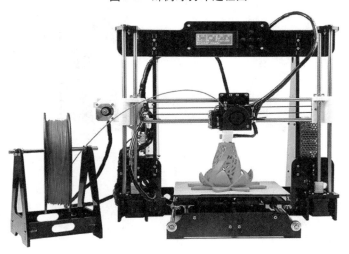

▲图 1-3 荷花笔筒打印过程图

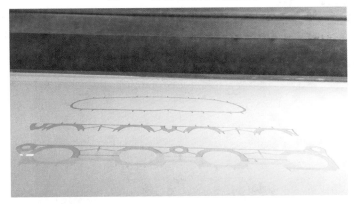

▲图 1-4 发动机缸盖打印过程图

▲图 1-5　3D 打印出的鸟巢模型

▲图 1-6　金属打印过程图

▲图 1-7　3D 打印的通管管路模型

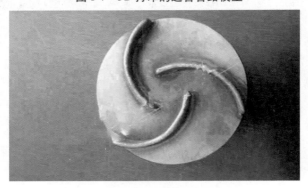

▲图 1-8　3D 打印的叶轮模型

　　减材制造是在原材料的基础上,借助工装模具使用切削、磨削、腐蚀、熔融等办法去除多余部分得到最终零件,然后用装配拼接、焊接等方法组成最终产品。3D打印无须毛坯和工装模具,就能直接根据计算机建模数据对材料进行层层叠加生成任何形状的物件,传统打印与3D打印的对比见表1-1。

表1-1　传统打印与3D打印对比

项目	传统打印	3D打印
数据类型	二维	三维
数据生成方式	文字输入、图片拍摄、画图	建模、画图、三维扫描
数据处理	无须处理	分层、转换、平滑处理
打印原理	喷墨、激光	材料挤出、喷射、层叠、光聚合
打印材料	墨水(液态)	金属材料、高分子材料

二、3D打印的分类

1. 按照打印原理分类

　　美国材料与试验协会增材制造技术委员会发布的《增材制造技术标准术语》中把打印原理分为7类,包括材料挤出、材料喷射、黏合物喷射、薄片层叠、光固化、粉末床融合以及定向能量沉积。目前主流的3D打印技术都可以按打印原理分类,见表1-2。

表1-2　按3D打印原理分类

打印原理	技术	使用材料
材料挤出	FDM(熔融沉积成型)	热塑性材料
材料喷射	Polyjet(聚合物喷射成型)	光敏聚合物、蜡
黏合物喷射	3DP(三维印刷成型)	金属粉末、陶瓷粉末、砂、石膏
薄片层叠	LOM(分层实体制造)	纸、金属箔、塑料薄膜
光固化	SLA(立体光固化成型)、DLP(数字光处理)	光敏聚合物
粉末床融合	SLM(直接金属激光烧结)、SLS(选择性激光烧结)、SLM(选择性激光融化)、EBM(电子束熔炼)、SHS(选择性热烧结)	钛合金、钴铬合金、不锈钢、铝、金属粉末、陶瓷粉末、尼龙粉末
定向能量沉积	LENS(激光近净成型技术)	金属合金

2. 按照打印工艺分类

　　3D打印技术按照打印工艺可以大致分为铺粉工艺、送粉工艺两类。

（1）铺粉工艺

铺粉工艺的基本流程如图1-9所示，可以大致分为5个阶段。

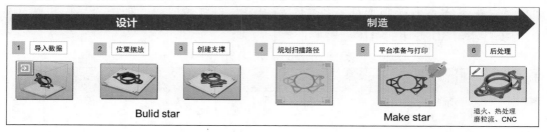

▲图1-9 铺粉工艺流程图

①数据导入阶段：设计者将设计意图转换成3D数字模型，然后借助三维建模软件（UG、Solidworks、Inventor等）将模型转化为STL格式文件，即可被3D打印系统识别。

②前处理：主要是指对图形文件的处理，包括检查图纸的完整性及是否存在无法加工的细节，确定零件的摆放位置，创建支撑，形成一个完整的机器可识别的加工文件（也称为打包）。

③设备准备：需要对机器进行清理，将缸体移出并填充粉末，然后再将缸体装入设备。

④设备打印：启动设备，导入加工文件，规划扫描路径后开始烧结。

⑤后处理：处理较多的是尼龙件和金属件。尼龙件后处理过程主要包括取件、喷砂、拼接、打磨、喷漆等。金属件后处理过程主要包括取出、热处理、线切割、去支撑、机加工、喷砂、抛光等。

（2）送粉工艺

送粉工艺的流程如图1-10所示，其典型代表是激光熔覆技术。该技术系统的核心部件是一个激光熔覆头（一般为同轴熔覆头），熔覆头上带有可输送粉末及保护气的喷嘴，计算机可以控制送粉器通过载气将粉末从喷嘴送出并聚焦于熔覆头下方的轴线上。在成型过程中，计算机调入一层图形扫描数据，根据扫描数据决定是否开启激光，开启激光时，激光器发出的激光从熔覆头顶部沿轴线方向向下射出，经聚焦镜汇聚在粉末聚

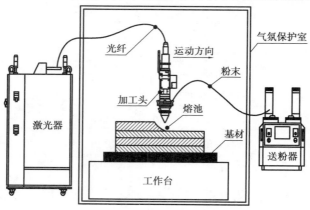

▲图1-10 送粉工艺流程图

焦点附近,将同步射出的粉末熔化;同时,熔覆头或工作台按每层图形的扫描轨迹移动,这样熔化的金属液就在基体或上一层凝固层的基础上完成了一层实体的成型;计算机继续调入下一层图形扫描数据,重复上述动作,如此逐层堆积,最终成型出一个具有完全冶金结合的金属零件。

在实际工艺应用过程中,系统集成了激光3D打印和激光熔覆两套设备,共用一套激光器作为光源,通过光纤输出,连接到激光熔覆头,依托数控机床运动,送粉器同步送粉,实现激光3D打印和熔覆等功能,设备布局如图1-11所示。

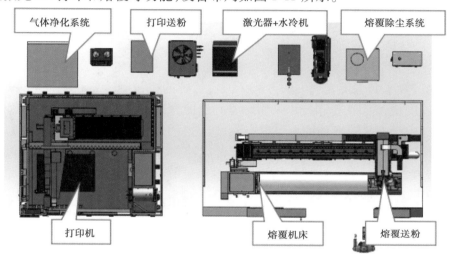

▲图1-11　激光打印和熔覆系统

三、3D打印的优缺点

1.3D打印技术的优点

(1)设计更加自由,不受传统加工工艺限制

传统机械加工工艺往往不能满足复杂零件制造的最优化设计要求,或者满足但是制造成本高、生产周期长,而3D打印技术可以弥补以上缺陷。3D打印可以设计并形成任意几何形状的复杂零件,不受传统机械加工工艺的限制。

(2)设计方案的实现更加方便快捷

3D打印可以方便快捷地实现研发人员的新想法,快速完成顾客想要定制的零件。研发人员可以快速、直接和精确地将设计方案转化为计算机中的模型,实现方案模型的快速验证。

(3)功能一体化设计

传统的工业化生产主要依靠组装生产线,由生产线工人或自动化机器人完成组装。产品组件越多,组装耗费的时间和成本也就越多。3D打印通过分层制造的方式可以同时打印设备上的不同组件,缩短供应链,节省劳动力和运输成本,而供应链越短,污染也就越少。

（4）节约材料

3D 打印过程很少或几乎没有材料浪费，所以可以节省材料，在一定程度上节约成本。对于复杂构件，3D 打印技术甚至可以节约75%的材料。

2.3D 打印技术的缺点

（1）可供使用的打印材料有限

3D 打印材料的限制主要有两方面原因：一是，适用于 3D 打印的材料种类有限，无法满足工业生产中所需材料的多样性。3D 打印技术只能应用于一些特定的场合，很难大规模推广。二是，3D 打印机和材料的匹配性低，在实际生产过程中，一种打印机往往只能应用一种打印材料，通用性不如传统的机械加工设备好。

（2）批量生产效率低

批量生产效率低主要表现为两方面：一是，传统的机械制造是在毛坯的基础上加工而成，加工速度快，而 3D 打印技术采用增材制造的方式即采用材料堆叠、体积增大的方式进行生产，由于扫描速度和铺粉厚度有限，造成生产加工速度慢。二是，从运动成型原理考虑，传统的机械零件制造加工形式多样，包括铣、削、刨、磨等，去除材料速度快，而增材制造只有直线运动铺粉这种形式，铺粉速度慢，因此效率低。对批量生产而言，3D 打印比传统的机械制造的效率低。

（3）3D 打印成本高

一般来说，受机器成本、材料价格、人工成本、时间成本的影响，同一单件产品，3D 打印产品的打印价格是传统机械加工产品价格的 5~8 倍。打印成本高昂造成 3D 打印应用范围受限，未能在生产过程中大规模应用，应用过程仅限于新产品研发，应用范围也仅限于航空航天等高附加值产业，其他产业应用不多。

想一想

1. 你接触过 3D 打印吗？

2. 在你的认识中，3D 打印是什么样的？

3. 3D 打印还能做些什么？

4. 生活中的哪些东西可以用 3D 打印机打印出来？

任务二 • 了解3D打印的发展

学习提要

➕ 了解3D打印的发展历史;
➕ 了解3D打印的发展趋势。

学习内容

一、3D打印的发展历史

1.早期阶段（1984年以前）

3D打印的出现时间可以追溯到19世纪中期。摄影技术发明后不久,发明家开始尝试如何将二维图像转化为三维图像。1860年,法国人弗朗索瓦·威勒姆首次设计出一种多角度成像的方法获取物体的三维图像。1892年,约瑟夫·布兰瑟发明了用蜡板层叠的方法制作等高线地形图的技术。1904年,卡洛·贝斯注册了一项用感光材料制作塑料件的专利。20世纪60年代,美国巴特尔纪念研究所开展了一系列实验,试图用不同波长的激光束固化光敏树脂,其原理已经非常接近后期的光固化成型技术。但是由于受到计算机、激光、材料等领域的技术限制,3D打印技术一直没有实质性的发展。1870—1984年,在美国注册的相关技术专利不到20项。

2.中期阶段（1984—2006年）

1984—1989年,3D打印技术最核心的4个专利技术（SLA、SLS、FDM、3DP）相继问世,专利技术较之前大幅增加,行业由此步入发展阶段。3D System、Stratasys、EOS等企业成立,开启了3D打印商业化时代。同一时期的中国,以清华大学、华中科技大学、西安交通大学等高校为代表的研究团队开始研究3D打印技术,并研制出少量快速成型机。

3D打印在1996—2006年经历了快速发展,LENS、DLP等新技术的出现使专注特定领域的新公司出现。同时,工业级设备的成型速度、尺寸和工作温度大幅提升,较为成熟的SLA和SLS技术开始应用于汽车、医疗、航空等行业。在中国,这一时期3D打印技术的研发仍以高校为主,由于对3D打印缺乏认知,其产业化进展缓慢,但也出现了市场化的企业,如上海联泰三维、北京太尔时代,3D打印技术已经开始应用于泵阀、珠宝设计等领域。

3.成长阶段（2007年至今）

2007年开始,3D行业进入快速成长阶段。

相比国外,国内对3D打印的关注直到2013年才显著提升。据中国增材制造产业联盟不完全统计,2018年年底,我国增材制造产业规模已超过20.9亿美元,产业规模实现较快增长。涌现出杭州先临三维科技、西安铂力特、湖南华曙高科、武汉华科三维、北京太尔时代、青岛三迪时空等一批优秀企业,形成渭南高新区3D打印产业培育基地、安徽春谷3D打印智能装备产业园等产业集聚区。

二、3D打印的发展趋势

1.应用领域更加广泛和深入

在未来,工业级3D打印机将更多应用于航空航天和医疗领域,桌面级3D打印机将在教育、快消品领域获得快速发展。航空航天领域具有材料价格高、采用传统制造方式利用率低的特点,3D打印技术可极大提高材料的利用率,显著提高经济效益。此外,航空航天领域的很多部件结构相对复杂且所需数量不多,3D打印可快速实现复杂件成型、小批量生产。医疗领域,患者个体差异明显、身体组织复杂等特征契合了3D打印个性化设计、快速成型复杂结构件的特点。

2.行业分工将更加明确

3D打印行业尚处于导入后期到成长期的过渡阶段,在产业链各环节尚未形成大规模的细分市场,多数企业为了生存都在发掘其中能看到的市场和利润,导致业务链条比较长。随着3D打印行业的发展以及市场规模的扩大,分工将更加明确,更多企业将选择自己占优势的细分市场深耕。

3.颠覆传统生产方式及消费模式

3D打印作为一种新型生产方式正在潜移默化地改变着很多行业业态和人们的消费习惯。目前,3D打印不可能颠覆传统生产方式和消费模式,但是从长期来看将会产生持续影响。3D打印代表了一个新趋势和一种可能,消费者可以由现在的实物买卖转向数据买卖。由此,产品制造的链条缩短,产生由大规模定制向个性化定制的转变。

想一想

1. 你的周围存在3D打印的应用吗?

2. 你看好3D打印吗?

3. 3D打印会改变未来吗?

模块二 走进非金属 3D打印世界

模块概述

本模块主要介绍非金属 3D 打印技术的种类及技术原理。由于非金属材料种类繁多,理化性能差异较大,导致其成型方式各不相同,因此各个科研院所和企业根据某些材料的特殊性能,研究出了不同的 3D 打印成型工艺,如图 2-1 所示。

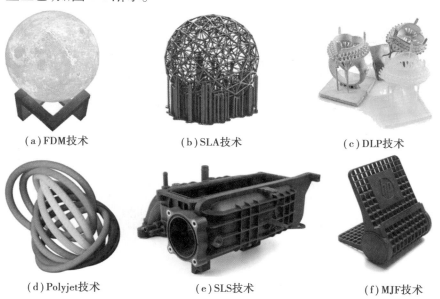

(a) FDM技术 (b) SLA技术 (c) DLP技术

(d) Polyjet技术 (e) SLS技术 (f) MJF技术

▲图 2-1 各种非金属 3D 打印成型工艺

目前,应用较广的非金属 3D 打印技术有熔融沉积成型(FDM)、立体光固化成型(SLA)、数字光处理(DLP)、喷墨打印(Polyjet)、选择性激光烧结(SLS)、多射流熔融(MJF)等。

学习目标

- 了解各种非金属3D打印技术的成型原理
- 了解各种非金属3D打印技术的工艺流程
- 了解各种非金属3D打印技术的常用材料及其特性
- 了解各种非金属3D打印技术的适用范围

任务一 · 了解熔融沉积成型（FDM）

学习提要

➕ 理解 FDM 技术的成型原理；
➕ 了解 FDM 技术的工艺流程；
➕ 掌握 FDM 技术的常用材料及其特性；
➕ 了解 FDM 技术的优劣势，掌握其应用领域、适用范围。

学习内容

 目前，所有的 3D 打印技术都是以三维模型为基础，再利用计算机控制 3D 打印机，将三维模型按一定比例打印成实物。注意：不是所有三维模型都可以满足打印要求。

一、STL 格式文件

3D 打印行业普遍使用 STL 格式的三维模型。STL 格式是一种由 3D System 软件公司创立的，并广泛用于快速成型、3D 打印和计算机辅助制造（CAM）的文件格式。STL 模型文件是由大量带矢量方向的三角面片组成，用有限数量的三角面片来拟合实体模型表面。它和缝足球的原理类似，只不过足球采用的是 12 块五边形和 20 块六边形，而STL 文件是用三角形的面片来"缝合"模型，因此 STL 文件不是实体模型，而是空心的。3D 格式文件的对比如图 2-2 所示。

3D模型　　　足球　　　STL文件

▲图 2-2　3D 格式文件的对比

曲面越多、结构越复杂的模型，三角面片数量越多，文件也会越大，从而导致计算机运算量增加。此外，越光滑的模型，三角面片数量也会越多。可以通过调节输出模型的分辨率、粗糙度、公差等，选择合适的文件大小。

二、3D 打印模型的要求

1. 模型必须封闭

3D 打印的模型必须是"不漏水"的。如果存在孔洞,就会"漏水",无法打印。封闭模型与非封闭模型的对比如图 2-3 所示。

封闭模型　　　　　　　　　　不封闭模型

▲图 2-3　封闭模型与非封闭模型的对比

2. 模型需有厚度

现实中没有厚度的面和线是没办法制作出来的,3D 打印的模型需有一定的厚度,并且最小厚度值不能低于 3D 打印机所能打印的最小壁厚。同时,还应考虑物体的强度,降低物体在运输和使用过程中损坏的概率。

3. 最小细节

模型的最小细节不能小于 3D 打印机的分辨率,如挤出一条丝或者激光扫描一次的直径是 0.8 mm,那么小于 0.8 mm 的结构或者壁厚将不能被打印出来。

4. 模型必须是流形

简单来说,如果一个模型中存在多个面共享一条边,那么它就是非流形的,如图 2-4 所示。

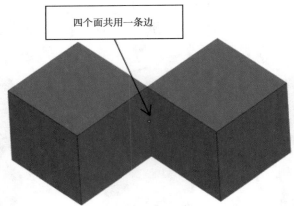

四个面共用一条边

▲图 2-4　非流形模型

5. 正确的法线方向

组成模型的所有三角面片是有矢量方向的平面,一面是正面(外表面),另一面是反面(内表面)。模型中所有面的法线需要指向一个正确的方向,如果面的方向错误,打印机就不能判断出是模型的内部还是外部,如图2-5所示。

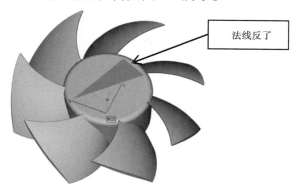

法线反了

▲图2-5　法线错误

6.装配间隙

对于需要装配的零件或者活动件,需要留有装配间隙。一般情况下,3D打印机打印的零件公差是随机的,既有可能是正公差,也有可能是负公差。因此需要预留一定的装配间隙,预留间隙值和各个打印机的精度有关,一般可预留0.2 mm装配间隙。

7.尽量减少支撑

大多数3D打印技术都需要添加支撑结构,但可以通过优化设计减少支撑,如利用好45°角原则(即打印平面与水平面倾角大于45°可不适用支撑结构),尽量用切斜设计的结构替代平行悬空的结构。

8.留足加工余量

由于部分零件对装配面、螺纹孔、平面度、粗糙度、精度等要求较高,当3D打印的精度不能满足要求时,需要留足加工余量,待3D打印完成后再进行机械加工,以满足其要求。

三、FDM技术概述

熔融沉积成型(Fused Deposition Modeling,FDM),又称熔丝沉积成型技术。FDM是1988年由美国Stratasys公司创始人斯科特·克伦普(Scott Crump)发明的技术。随着关键技术专利到期,开源的FDM技术以其低门槛、低价格迅速占领了3D打印的个人消费市场,国内涌现了大量的相关企业。工业级FDM 3D打印市场由于技术门槛更高,目前仍然以国外设备为主。

四、FDM技术的成型原理

FDM技术的成型原理是由送丝辊轮将丝状材料送入热熔喷头,在喷头内加热熔化丝状材料后,在计算机控制下沿零件截面挤出丝材,挤出的材料经冷却、黏结、固化后形成一层截面,打印完一层后,工作平台下降一定高度(即层厚),再成型下一层,重复这个过程,层层堆积完成实体打印,如图2-6所示。

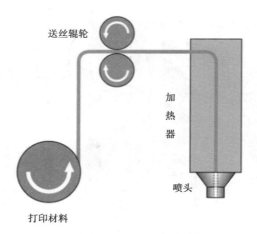

送丝辊轮

加热器

喷头

打印材料

▲图 2-6　FDM 技术的成型原理

五、FDM 技术的工艺流程

FDM 技术的工艺流程大致可分为模型文件准备、模型修复、切片、打印、后处理 5 个阶段，如图 2-7 所示。

▲图 2-7　FDM 工艺流程

1. 模型文件准备

（1）三维模型获取

STL 模型文件的获取可分为正向建模和逆向建模两种方式，正向建模是从概念到实物的过程，先有概念或者想法再通过设计软件呈现出来。常用的正向建模软件包括：UG、Pro/ENGINEER、SolidWorks、CATIA、CAXA、中望 3D、Autodesk 123D、3DS Max、Maya、Rhino、ZBrush 等。

逆向建模是通过三维扫描、三坐标测量、CT 扫描等方式采集数据，然后转成三维模型，并可以进行二次设计的建模方式。简单来说，逆向建模是先有实物，再在实物的基础上进行三维模型还原和再设计。常用的软件包括：Geomagic Studio、CATIA、Imageware、UG、Pro/ENGINEER、Mimics 等。除此之外，也可通过网络上的模型网站直接下载自己感兴趣的模型。

（2）STL 文件导出

市面上常用三维建模软件均可导出 STL 格式文件，这里以 SolidWorks 为例进行说明。在制作完成如图 2-8 所示模型后，在文件下拉菜单中选择"另存为"命令，然后选择保存的文件夹、名称、保存类型，直接单击"保存"按钮即可。在格式转化过程中，模型会有一定的失真，我们可通过单击"选项"命令，调整模型的精细度、误差、粗糙度等来改善，如图 2-9 和图 2-10 所示。

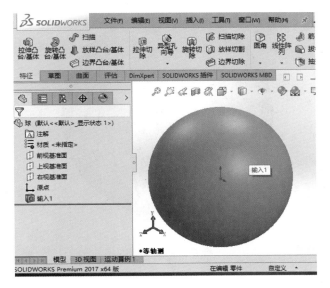

▲图 2-8　建造模型

▲图 2-9　"选项"对话框

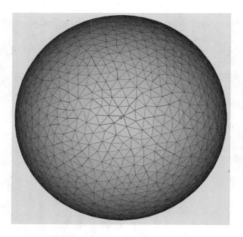

▲图 2-10 保存的 STL 文件

2. 模型修复

由于各种原因，STL 文件常常出现很多错误，这些错误会导致打印失败，打印前需要将这些错误进行修复。目前最具代表性的数据处理软件有 Magics、Netfabl、Simplify3D、Meshlab 等。

Magics 是比利时 Materialise 公司开发的高端数据处理软件系统，是全球著名的 STL 数据处理平台，如图 2-11 所示。该系统具备基于 STL 模型的一整套解决方案，被认为是 3D 打印领域最专业、功能最强大的数据处理软件。在操作时，一般先通过其他建模软件，如 Solidworks、UG 等建立模型，并转化为 STL 格式，之后导入 Magics 软件进行进一步的数据处理。

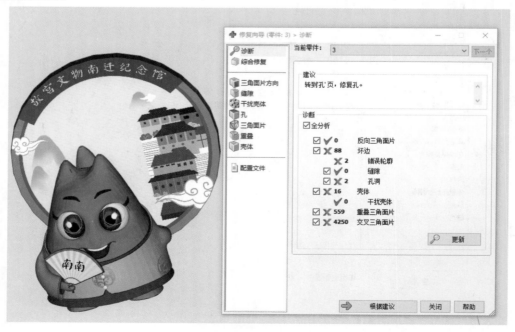

▲图 2-11 Magics 的界面

STL文件的常见错误有以下几种：

①三角面片方向错误：组成模型的所有三角面片的法向必须指向同一侧（内侧或外侧），可通过反转三角面片修正。

②孔洞：这是由三角面片的丢失引起的。当CAD模型的表面有较大曲率的曲面相交时，在曲面相交部分会出现丢失三角面片而造成孔洞。孔洞的修复是通过添加新的曲面以填补缺失的区域。

③缝隙：通常是由于顶点不重合引起的，也可以看作是三角面片缺失产生的。

④错误边界：又称坏边。在STL文件中，每一个三角面片与周围的三角面片都应该保持良好的连接。如果某个连接处出了问题，这个边界称为错误边界，一组错误边界构成错误轮廓。面片法向错误、缝隙、孔洞、重叠都会引发错误边界，确定不同位置产生坏边的原因，再找到合适的修复方法。

⑤干扰壳体：壳体的定义是一组相互正确连接的三角面片的有限集合。一个正确的STL模型通常只有一个壳。存在多个壳体通常是由于零件设计时没有进行布尔运算，结构与结构之间直接存在相交面。STL文件可能存在由非常少的面片组成、表面积为零、体积为零甚至为负数的干扰壳体。这些壳体没有几何意义，也不能制造出来，可直接删除。思考：为什么某些壳体的体积会是负数？

⑥重叠或交叉面：在物体表面剖分时，由于四舍五入的误差，可能出现重叠面。

3. 切片

STL文件修复完成后，需要将模型导入专业的切片软件中进行分层切片。通过修改切片参数可以调整打印时间、打印质量等。在切片之前需要对模型进行摆放、添加支撑及面型化处理。

（1）模型摆放

模型摆放对FDM成型工艺至关重要。它能影响打印的支撑结构、打印时间、打印外观质量、打印强度等。

①支撑结构。FDM技术对于大多数悬空的结构都需要添加支撑结构。支撑结构会导致材料浪费、打印时间变长、支撑去除麻烦、与支撑接触的表面存在缺陷等一系列问题，模型摆放因考虑尽量较少使用支撑结构。一般情况下，悬空部分较短以及打印部分与垂直平面倾斜角小于45°时都可以不加支撑。摆放时应按从大到小的金字塔结构摆放，如图2-12所示。

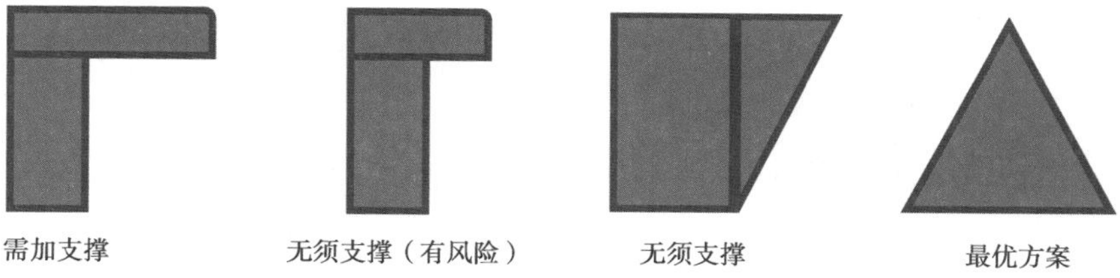

需加支撑　　　无须支撑（有风险）　　　无须支撑　　　最优方案

▲图2-12　添加支撑的情况

②打印时间。模型摆放应尽量降低打印高度，高度越高，切片层数越多，打印时间越

长,如图 2-13 所示。

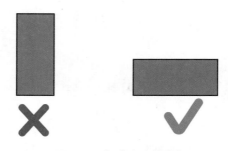

▲图 2-13 打印高度的选择

③打印外观质量。模型与支撑相连的地方,外观质量较差,对于外观要求较高的地方,摆放时应尽量避免添加支撑。

④打印件强度。由于 FDM 技术打印零件的层与层之间的强度远低于平面的强度(通常 Z 轴方向的强度只有 X/Y 轴强度的 30%),因此如果打印件的某个方向对强度要求更高,因尽量避免此方向与摆放轴线平行。例如,有图 2-14 所示的长方体,如果长度方向需要承受拉力,对强度要求较高,就不能立着摆放,应平躺或倾斜一定角度摆放。

▲图 2-14 长方体摆放错误

(2)添加支撑

目前,大多数 FDM 技术切片软件都具备自动加支撑的功能,用户只需要设置支撑参数即可。常见的支撑参数有:支撑类型、支撑角度、支撑密度、平台附着方式等。

(3)面型化处理

面型化处理是指通过一组平行平面,沿 Z 轴方向将 CAD 模型切开,所得到的截面交线就是薄层的轮廓信息,而填充信息是通过一些判别准则来获取的。平行平面之间的距离就是分层的厚度,也就是成型时的层厚。分层切片后所获得的每一层信息就是该层的上下轮廓信息及填充信息。而轮廓信息由于是用平面与 CAD 模型的 STL 文件(面型化后的 CAD 模型)求交获得的,所以分层后所得到的模型轮廓线是近似的。在这一过程中,由于分层将破坏切片方向 CAD 模型表面的连续性,不可避免地会丢失模型的一些信息,导致零件尺寸及形状产生误差,所以切片分层的厚度直接影响零件的表面粗糙度和整个零件的形面精度。分层厚度越大,丢失的信息越多,导致在成型过程中产生的形面误差越大。综上所述,为提高零件精度,应该考虑更小的切片分层厚度。

4. 打印

FDM 工艺在打印前需要做的准备工作如下:

①检查打印机材料的种类、余量是否满足要求;

②检查打印平台是否调平。

FDM 工艺的打印过程非常简单,由打印机内置系统自动完成。即使操作人员没有任何 3D 打印基础,只需要经过简单培训即可熟练操作设备。

5. 后处理

打印完成后需要用铲子将模型从打印平台上取下，再用工具将多余的支撑材料去除，一个完整的三维模型就打印完成了。

六、FDM 技术的常用材料

FDM 技术使用的材料为热塑性材料（见图 2-15），即能通过加热使材料处于半熔融状态，冷却后又能固化，整个过程是物理变化，不存在化学反应。

FDM 技术使用的材料可分为成型材料和支撑材料。部分带双喷头的打印机可使用与成型材料不同的支撑材料，以此区分模型和支撑结构，便于在后处理过程中去除支撑结构。

▲图 2-15　热塑性材料

1. FDM 技术对成型材料的要求

FDM 技术对成型材料的要求有：熔融点低、流动性好、黏结性好、收缩率小。

熔融点低：低熔融点的材料可在降低温度的情况下挤出，减少材料在挤出前后的温差和热应力，提高打印成功率和打印模型精度，从而降低对喷头和打印环境的要求。

流动性好：材料的流动性越好，阻力越小，有利于材料的挤出；流动性差的材料会增大送丝压力，容易堵塞打印喷头。

黏结性好：黏结性是指打印材料在冷却过程中与周边材料的黏结情况，黏结性的好坏将直接决定层与层之间的黏结强度，进而影响整个打印件的强度。这是采用 FDM 技术打印的零件在 Z 轴方向强度偏低的主要原因。

收缩率小：热塑性材料在冷却过程中必然伴随有热收缩。若收缩率过大会导致材料在冷却过程中变形较大，从而出现翘曲、开裂、变形等一系列问题，导致打印失败或者精度降低。工业级 3D 打印机可通过底板平台加热、成型仓密封加热的方式改变整个打印环境的温度，以减小热收缩，提高打印成功率和打印精度。

2. FDM 技术对支撑材料的要求

FDM 技术对支撑材料的要求与对成型材料的要求基本一致，也需要熔融点低、流动性好、收缩率小等。除此之外，支撑材料还要有相应的特性，如不浸润、可溶性。

不浸润：打印完成后需要将支撑材料与模型材料分离，因此支撑材料与模型材料的亲和性不应太好，否则不便于去除支撑材料，支撑材料也就失去其意义。

可溶性：为了便于去除镂空、悬空、孔等复杂结构的支撑材料，需要支撑材料能够在溶液中溶解。

3. 常用材料

PLA 材料：即聚乳酸，是由从玉米、木薯等中提取的淀粉制作而成，是一种可生物降解的环保材料。材料特性：热稳定性好、生物相容性好、阻燃性好、抗菌性好、收缩率小、便于加工等。其应用非常广泛，可用于包装、汽车、医疗等行业。由于 PLA 的性能优异且价格便宜，使其成为 FDM 技术使用较多的材料之一。

ABS 材料：即丙烯腈—丁二烯—苯乙烯共聚物，是从化石燃料中提取出来的一种热塑性塑料。材料特性：强度高、韧性好、耐冲击、耐高温及耐腐蚀等。ABS 材料也便于进行机械加工、喷涂、电镀等后处理。与 PLA 材料相比，ABS 材料机械性能更好，但是由于其热收缩性较大，打印时易出现翘边、开裂等问题。ABS 材料也是 FDM 技术使用较多的材料之一。

TPU 材料：即热塑性聚氨酯弹性体，是一种弹性塑料。材料特性：高张力，高拉力，强韧性，耐老化，良好的承载能力、耐磨性、抗冲击性及减震性能。

除了以上材料外，FDM 技术还可使用 PP（聚丙烯）、PC（聚碳酸酯）、PETG（聚对苯二甲酸乙二醇酯—1,4—环己烷二甲醇酯）、木质等材料进行打印。

七、FDM 技术的优缺点

1. FDM 技术的优点

（1）成本低

FDM 技术不采用激光器，设备运营维护成本较低，而其成型材料多为 PLA、ABS 等塑料，成本同样低廉，因此很多面向个人的桌面级 3D 打印机多采用 FDM 技术。

（2）原料广泛

PLA、ABS 等热塑性材料均可成为 FDM 的成型材料。

（3）环境污染小

在整个打印过程中只涉及热塑性材料的熔融和凝固，不涉及化学反应和有毒有害物质排放，因此环境污染小。

（4）理化性能好

FDM 技术可打印工程级塑料，打印件具有强度高、耐高温、耐腐蚀等优点。但是打印件 Z 轴方向的强度明显低于 X/Y 轴方向的强度，一般只有后者的 30%。

2. FDM 技术的缺点

（1）成型时间较长

由于喷头运动是机械运动，成型的速度受到一定的限制，因此一般成型时间较长，不适合制造大型和批量的零件。

（2）成型精度低

采用 FDM 技术打印的零件精度相对较低，表面有明显的层纹。

（3）支撑材料难以剥离

打印某些复杂零件时，需要添加支撑，打印完成后支撑材料不易剥离，并且支撑与模型接触的表面较粗糙。

八、应用案例

1. 打印工装夹具

在汽车、机械等制造行业，工装夹具的使用量非常大，但是单个件的需求量不多，多为定制产品。因此可用3D打印技术来替代传统的机械加工制作工装夹具。图2-16为某汽车厂使用FDM技术制作的贴标用定位工装,使用此工装可以使操作人员方便、精确地找到贴标的位置。

▲图2-16　定位工装

使用3D打印技术打印工装夹具的优点如下:

①传统工装夹具多采用机械加工的方式制作,但其单件需求量一般较少,制造成本较高,采用3D打印技术后可节约制造成本。

②传统工装夹具在设计时需要考虑加工难度,通常不会设计得过于复杂,采用3D打印技术后可极大提高设计自由度。

③对于复杂结构和异形曲面的工装夹具,采用3D打印技术制作更具优势。

2. 打印灯具

文创行业的产品存在很多异形、镂空的复杂结构,如果使用传统制造方式,制造难度极大、价格昂贵,而且部分设计无法实现。使用3D打印技术可解决很多问题,图2-17是采用FDM技术制造的月球灯,能完美展现月球的表面,透光效果也很好,并且制造成本低。此外,还可根据每个人的需求,实现个性化定制,如在灯罩表面将个人的照片做成浮雕。

▲图2-17　3D打印的月球灯

3. 打印鲁班锁和校园模型

在科技飞速发展的今天,培养创新人才是国家可持续发展战略的重要内容。3D打印作为制造技术,无论多复杂的东西,只要有数据,都可以做出来。桌面级FDM设备操作简单,即使是小学生都可以熟练操作。这不仅能培养学生的创新思维、创造能力,还能提高学生的动手能力,让学生的创意得以实现。鲁班锁和校园模型的设计与打印如图2-18和图2-19所示。

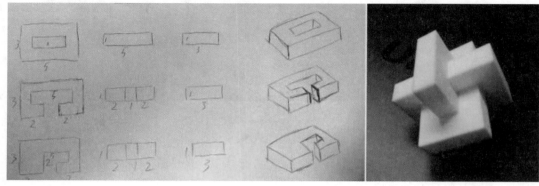

设计草图　　　　　　　　　　　　　　打印的作品

▲图2-18　鲁班锁的设计与打印

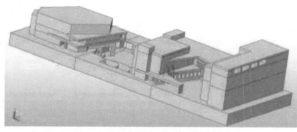

某校园模型设计　　　　　　　　　　　打印的作品

▲图2-19　校园模型的设计与打印

九、国内外主要设备厂家

国内外从事FDM设备设计、生产、制造的厂家非常多,国外厂家主要有:Stratasys、Makerbot、Ultimaker等,国内的代表厂家有:浙江闪铸三维、北京汇天威、深圳森工、深圳极光尔沃、北京太尔时代等。

1. 美国 Stratasys 公司

目前的Stratasys公司由Stratasys和Objet两家公司合并而成。Stratasys是目前全球最大的3D打印公司,在高速发展的3D打印技术中处于领导地位。

20世纪80年代,Stratasys公司创始人斯科特·克伦普发明了FDM技术,并获得专利;2002年,公司发布了世界上首个3D打印机系列——Dimension系列,这一系列产品大大促进了3D打印技术在各种应用领域的普及。目前,该公司拥有超过600项专利技术,售出了9万台以上的3D打印机。

2. 荷兰 Ultimaker 公司

Ultimaker 是国外较早从事桌面级 3D 打印机设计、生产、销售的公司,它是由 3 位来自荷兰的年轻人创立的。Ultimaker 的产品系列包括 Ultimaker 3 系列、Ultimaker 2+系列和 Ultimaker Original +系列。这些产品在国内外都具有较高的知名度。同时,Ultimaker 公司开发了目前桌面级 FDM 领域运用最广的切片软件——Cura,这是一个免费的开源软件。

3. 中国北京汇天威科技有限公司

北京汇天威科技有限公司成立于 2005 年,是一家集研发、生产、销售服务为一体的专业 3D 打印设备制造商。公司自 2011 年以来一直专注于 3D 打印技术的创新与研究,至今已面向国内外市场推出多款桌面级、工业级、教育级系列 FDM 打印设备——"弘瑞 3D 打印机"。

4. 中国深圳森工科技有限公司

深圳森工科技有限公司是一家成立于 2012 年的国家级高新技术企业,2015 年推出了独具特色的混色 3D 打印技术,并取得了相关专利,打破了此前国内同类型打印机只能打印单色的局面。

任务二 · 了解立体光固化成型（SLA）

学习提要

- ➕ 理解 SLA 技术的成型原理;
- ➕ 了解 SLA 技术的工艺流程;
- ➕ 掌握 SLA 技术的常用材料及其特性;
- ➕ 了解 SLA 技术的优劣势,掌握其应用领域、适用范围。

学习内容

一、SLA 技术概述

光固化快速成型技术,也被称为立体光刻成型,简称 SLA,该技术由查尔斯·胡尔于 1984 年在美国获得专利,是最早发展起来的快速成型技术。自从 1988 年 3D Systems 公司最早推出 SLA 商品化快速成型机 SLA-250 以来,经过 30 多年的发展,SLA 技术已非常成熟,在快速原型制造领域应用广泛。

二、SLA 技术的成型原理

SLA 技术的成型原理是在打印机液槽中盛满液态光敏树脂,激光器发出的紫外激光束在控制系统的控制下按零件的各分层截面信息在光敏树脂表面进行逐点扫描,使被扫描区域的树脂薄层产生光聚合反应而固化，形成零件的一个薄层。一层固化完毕后，工作台下移一个层厚的距离，以便在原先固化好的树脂表面再敷上一层新的液态树脂，刮板将黏度较大的树脂液面刮平，然后进行下一层的扫描加工，新固化的一层牢固地黏结在前一层上，如此重复直至整个零件制造完毕，得到一个三维实体原型，如图 2-20 所示。

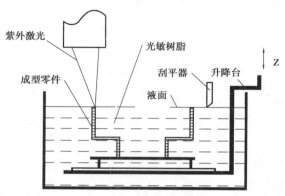

▲图 2-20　SLA 技术的成型原理

制作如图 2-20 所示的倒立的凸缘形状时，一般需要添加支撑，这种支撑通常为网状结构。周围没有用到的那部分液态树脂仍然是可流动的，因为它并没有在紫外线照射范围内，可以在制造中被再次利用，从而达到无废料加工。

三、SLA 技术的工艺流程

SLA 技术的工艺流程与 FDM 技术的工艺流程相同，大致可分为模型文件准备、模型修复、切片、打印、后处理 5 个阶段，如图 2-21 所示。

▲图 2-21　SLA 工艺流程

其中模型文件准备、模型修复这两项与 FDM 工艺流程中的内容完全一致，这里重点介绍 SLA 技术的切片、打印、后处理 3 个工艺流程。

1. 切片

SLA 的切片工艺中最重要也是最难的内容是模型的摆放和添加支撑。

（1）模型的摆放

模型的摆放对 SLA 工艺是十分重要的，不仅影响制作效率，更影响后续支撑的添加以及原型的表面质量等。因此，摆放方位的确定需要综合考虑上述各种因素。

一般情况下，从缩短原型制作时间来看，应该选择尺寸最小的方向作为叠层方向。但是，有时为了提高原型制作质量以及提高某些关键尺寸和形状的精度，需要将最大的尺寸方向作为叠层方向摆放。有时为了减少支撑量，以节省材料及方便后处理，也经常采用倾斜摆放。例如，如图 2-22 所示，为了保证轴的圆形度和精度，选择了打印时间更长的直立摆放。同时考虑到尽可能减小支撑的批次，大端朝下摆放。

▲图 2-22　添加支撑

（2）添加支撑

SLA 工艺一定会用到支撑结构,打印的所有零件都是通过支撑结构固定在打印平台上的,支撑结构是确保 SLA 3D 打印件能被成功打印出来的重要因素之一。需要添加支撑的情况主要分为以下几种：

①与平台的固定支撑。

任何与平台接触的部分都需要添加支撑,防止打印件在下沉过程中漂浮在液体树脂中。此外,由于刮刀的来回刮动,若不将打印件固定在平台上或者固定不牢,都会被刮刀刮倒,导致打印失败。通常设置模型与平台的距离为 5～10 mm,这一段高度将全是固定支撑。

②跨桥。

通常习惯用字母 Y、H 和 T 来表示跨桥结构,如图 2-23 所示。

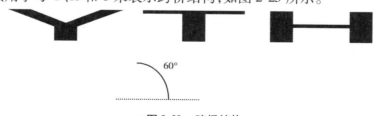

▲图 2-23　跨桥结构

如果倾斜的部分与水平方向角度大于 45°,那么在打印此跨桥时可以不用支撑。如图 2-23 中字母 Y 所示,与水平方向的夹角为 60°,因此无须支撑。而像字母 T 和 H 这种水平跨桥结构通常就必须添加支撑。当然,像 T 结构的单边水平延伸长度小于 5 mm 时,由于桥自身的承重效果,不加支撑也可以打印出来。通常 H 结构这种两边都有"桥墩"的结构,可打印的跨度长度是 T 结构的 2 倍。事实上,这些跨桥的临界长度值很大程度上受限于 3D 打印机、材料、打印参数等。因此,用跨桥的测试模型来实测 3D 打印机的性能就很有必要,如图 2-24 和图 2-25 所示。

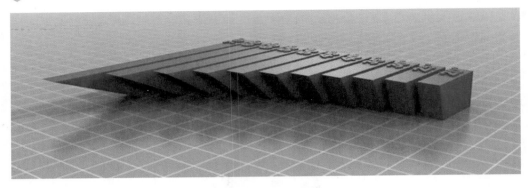

▲图 2-24　角度测试模型

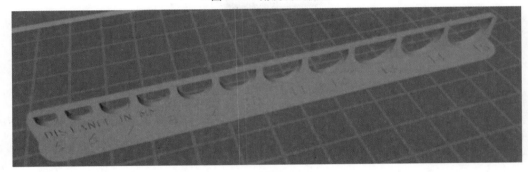

▲图 2-25　跨度测试模型

③悬空。

打印过程中,有时候在某一层会出现悬空的部分,随着打印的继续进行,悬空部分会再次与主体相连。悬空从开始出现到结束的这部分和之前固化的结构没有连在一起,如果没有支撑,将导致这一部分沉入树脂槽中,出现打印模型缺失。

通过软件的切片预览模式,可以模拟打印过程,从而识别出悬空位置,并添加支撑。例如,打印到如图 2-26 所示位置时,突然出现一小部分悬空,多打印几层后悬空部分与主体相连。这种悬空如果没有支撑,将导致悬空部分缺失。

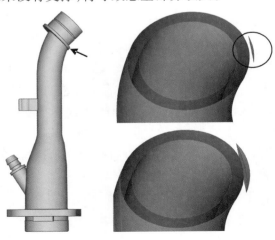

▲图 2-26　悬空部分

SLA 的支撑类型很多,有点、线、块、网状、肋状、体积、轮廓、综合等。常用的支撑类型主要是点支撑、线支撑和块支撑。

点支撑:支撑与模型通过点接触,支撑强度弱,支撑效果差,多用于为模型的细小部分添加支撑。

线支撑:支撑与模型通过线接触,支撑强度中等,支撑效果较好,多用于为模型细长面添加支撑。

块支撑:支撑与模型通过面接触,支撑强度高,支撑效果好,这是用得最多的支撑类型。

注意:这里说的线接触和面接触是针对整个支撑面而言,如图 2-27 所示,最终的支撑与模型是通过大量的点进行接触的,方便后期去除支撑。

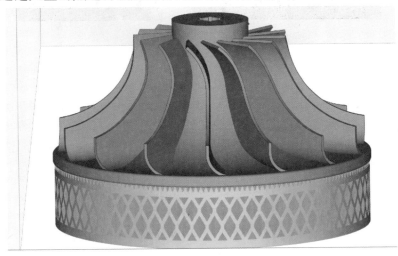

▲图 2-27　块支撑效果

2. 打印

打印前需检查打印机树脂缸内是否有打印残留物、树脂余量是否满足要求、打印平台是否调平、激光功率是否满足要求等,确认无误后即可开始打印。打印过程中需经常观察打印是否正常。

3. 后处理

SLA 的后处理工艺较多,通过后处理可以使打印件的效果更好。SLA 常用的后处理工艺流程为:取件→去支撑→清洗→二次固化→打磨。

（1）取件

使用铲刀等工具将支撑和工作台分离,让零件上多余的液态树脂流入树脂槽中,取出制件,如图 2-28所示。

▲图 2-28　取件

（2）去支撑

支撑结构使得模型不会发生变形和崩塌，但支撑结构作为整体打印件不可分离的一部分，打印完成后就需要通过后处理来去除。通常，支撑与模型连接处是密集的小点，只需要人工操作就能将支撑去除（见图2-29）。较硬或者用手不易掰掉的小支撑可以先进行清洗，待支撑软化后再去除。

▲图2-29　去支撑

（3）清洗

因为大部分SLA打印完成的模型都是完全浸泡在液态树脂原材料中的，所以当打印模型从打印机中取出来时，模型被未固化的树脂完全覆盖，必须将其冲洗干净。由于光敏树脂易溶于纯度90%以上的酒精、丙酮和异丙醇等，因此，制件的清洗需要选择以上溶剂作为清洗液。个人通常会选择容易买到的工业酒精作为清洗液。清洗时须全程戴手套，防止酒精对皮肤造成损害。对于SLA打印服务企业来说，多采用超声波清洗机进行清洗，这是一种简单高效的方法。

（4）二次固化

由于打印过程中为了追求打印效率，单层的树脂光照时间较短，刚打印完时，零件强度、硬度较低。可以将打印件整体放入二次固化箱中，利用大量的紫外线进行照射，提高制件的性能。固化时间通常为5～20 min。

（5）打磨

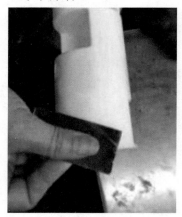

▲图2-30　打磨

二次固化完成后，需要使用工具去除一些结构里面残余的支撑，然后用砂纸进行打磨（见图2-30）。通常情况下对没有特殊要求的模型，只需打磨处理支撑面，去除支撑留下的痕迹即可。如需要喷漆上色，又或者要采用电镀等工艺，就需要多次反复打磨，使用从粗到细的砂纸目数，逐步使模型表面的光洁度提高，这样喷漆后的效果才会更美观。通常，打磨时需要将砂纸沾水进行打磨，这样打磨出的模型光洁度更高，效率更快。

（6）其他后处理工艺

除了以上常规的后处理工艺外，SLA制件还可以根据使用要求，增加其他后处理工艺。

①拼接。

当打印件尺寸超过打印机能打印的最大尺寸时,可以通过拆分打印件分块打印,然后再用胶水进行黏接。

②修补。

由于光敏树脂在打印过程中表面偶尔会有气泡产生,同时光敏树脂中也可能含有杂质、悬浮的支撑、打印失败的漂浮物等,这些均会给制件带来一定的缺陷。而完整的打印件尺寸较大,重新打印成本较高。这时可使用刮腻子对模型进行修补。如果对制件外观要求较高,如要求原色原状,就需要将制件修补的地方清理干净,涂上相同牌号的光敏树脂,并用专业的紫外光修补设备进行照射。

③喷漆上色。

对于需要喷漆上色的模型,要先进行打磨处理到足够的目数,一般在1 500目左右,喷漆的颜色可以用色卡来进行比对调色。对于经验丰富的后处理师傅,通常使用喷漆枪喷绘的方式进行喷漆,这种方式喷漆的效果更好。对于具备美术功底的后处理师傅,可以拿笔描绘或者用喷笔上色。

四、SLA 技术的常用材料

根据光敏树脂材料的基本性能,SLA 3D 打印专用材料可大体分为普通光敏树脂、铸造光敏树脂、柔性光敏树脂、生物相容性树脂。

1.普通光敏树脂

普通光敏树脂的主要优点是各方面性能适中、材料价格低廉等,适用于对材料无特殊要求的模型,如艺术作品、手板打样等,如图 2-31 所示。

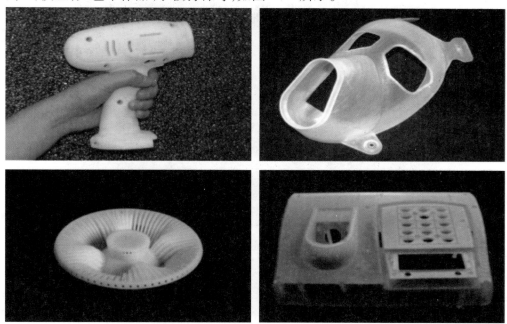

▲图 2-31　普通光敏树脂制作的模型

2. 铸造光敏树脂

铸造光敏树脂主要应用于失蜡铸造。使用铸造光敏树脂打印的模型在高温加热燃烧后不会有残留物，因此铸造光敏树脂广泛应用于珠宝首饰和精密铸造行业。图 2-32 是利用铸造光敏树脂打印的蜡型。

▲图 2-32　失蜡铸造

3. 柔性光敏树脂

柔性光敏树脂是一种类似于橡胶的光敏树脂,这种树脂具有断裂伸长率高、柔韧性好、耐疲劳等优点,目前广泛应用于鞋中底打印,如图 2-33 所示。

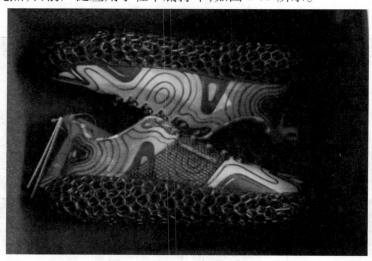

▲图 2-33　柔性光敏树脂打印的鞋中底

4. 生物相容性树脂

生物相容性树脂是经过专业机构认证的生物相容性材料,其和人体皮肤、组织、器官等具有很好的相容性。生物相容性树脂可应用于牙科,打印牙科专用的牙模、手术导板、矫形器等,为病人提供更快速、精确、舒适、安全的牙科诊疗服务,如图 2-34 所示。

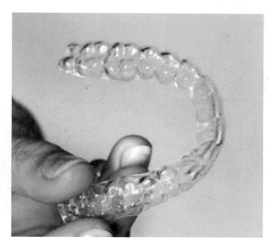

▲图 2-34 3D 打印正畸牙套

五、SLA 技术的优缺点

1. SLA 技术的优点

①SLA 起步较早,技术工艺成熟;

②加工速度快,产品生产周期短,无须切削工具与模具;

③打印的产品尺寸精度高,表面光滑;

④打印的产品易进行喷漆、上色、电镀等后处理。

2. SLA 技术的缺点

①激光系统造价高,使用和维护成本较高;

②使用的光敏树脂对温湿度敏感,工作环境要求较高;

③成型原料都为光敏树脂,强度、刚度、耐热性较差,打印件需避紫外光保存,且保存时间不长;

④打印前处理略复杂。

六、应用案例

1. 打印手办

随着近几年国内 3D 游戏和 3D 动漫的迅猛发展,消费者对于游戏、动漫手办的需求越来越多,要求也越来越高。3D 打印可以在较短时间内,逼真地还原角色造型,为手办的定制生产提供新的方式,如图 2-35 所示。

2. 3D 打印影视道具

3D 打印在影视道具的制作上拥有大量的成功案例,尤其对于科幻类影视作品来说,虚构的大量道具很难在现实中找到,只能专门定制。3D 打印可以以较低的成本,在短时间内制作出符合需求的道具,如图 2-36 所示。

▲图 2-35　3D 打印手办

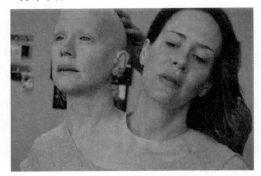

▲图 2-36　3D 打印电影道具

七、国内外主要设备厂家

1. 美国 3D Systems 公司

　　3D Systems 公司成立于 1983 年，是全球最早的 3D 打印企业之一，也是 SLA 技术的开创者，3D 打印概念的缔造者。经过 30 多年的发展，该公司已在 SLS、SLA、SLM、3DP 等多项技术上处于世界领先水平。不仅如此，公司在 3D 打印材料、控制软件方面也处于行业领先地位。

2. 美国 Formlabs 公司

　　Formlabs 是生产桌面级 SLA 3D 打印设备的公司，其产品在全球有着低消耗、高精度、易使用的良好口碑，目前畅销世界 100 多个国家和地区。其生产的 Form1、Form2 桌面级 SLA 设备在国内外都拥有很高的知名度。

3. 中国上海联泰科技股份有限公司

　　上海联泰科技股份有限公司成立于 2000 年，是国内较早从事 3D 打印技术应用的企业之一。

　　通过 20 多年来在 3D 打印行业的努力耕耘，联泰科技目前拥有国内较多的工业领域客户，在国内 3D 打印技术领域具有广泛的行业影响力和品牌知名度。代表设备见表 2-1。

表 2-1　联泰公司的代表设备

序号	设备型号	成型尺寸/mm
1	Lite 300	300×300×200
2	Lite 450	450×450×350
3	Lite 600	600×600×400

4. 中国苏州中瑞智创三维科技股份有限公司

苏州中瑞智创三维科技股份有限公司是专业致力于工业级3D打印设备、3D打印软件、3D打印材料的研发、生产、销售和技术服务的国家高新技术企业,是中国领先的增材制造技术全系列解决方案提供商。公司以SLA技术为基础,已发展成为涵盖SLS、SLM、陶瓷打印等多项技术的高新技术企业。其代表设备如图2-37所示。

▲图 2-37　中瑞公司的代表设备 iSLA 880 及 iSLA 1600D

任务三 · 了解数字光处理技术（DLP）

学习提要

　➕ 理解 DLP 技术的成型原理,分清它与 SLA 技术的区别。
　➕ 了解 DLP 技术的优劣势。
　➕ 了解 DLP 技术的应用案例及适用范围。

学习内容

一、DLP 技术概述

数字光处理技术（DLP）是近年出现的3D打印技术,与SLA的成型技术有着异曲同工之妙,它是SLA的变种形式。DLP 3D打印由于每层固化时通过幻灯片似的片状固化,速度比同类型的 SLA 更快。这项技术非常适合高分辨率打印件的快速成型。

二、DLP 技术的成型原理

DLP 技术的成型原理是数字光源以面光的形式在液态光敏树脂表面进行层层投影,被数字光照射的光敏树脂将从液态转变为固态,打印完一层平台上拉一层,然后开始打印下一层,层层固化成型,如图 2-38 所示。

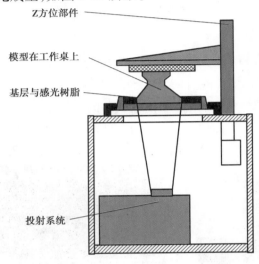

Z方位部件

模型在工作桌上

基层与感光树脂

投射系统

▲图 2-38　DLP 技术的成型原理

DLP 技术和 SLA 技术在成型原理上十分相似,都是利用了光敏树脂的光固化特性。它们的主要区别有以下几点:

(1)光源

SLA 的光源采用的是紫外激光束,采用由点到线再到面的扫描方式成型。DLP 的光源采用的是数字光,以面扫描的方式成型,每次成型是一个平面,理论上 DLP 的打印效率会高于 SLA。

(2)成型尺寸和分辨率

SLA 的紫外激光束照射距离远,可以制成大尺寸设备,目前工业级 SLA 设备的成型尺寸可以达到一两米,甚至更大,分辨率和精度也不会受太大影响。DLP 由于使用的是数字光,受屏幕分辨率限制,成型尺寸都不会太大。尺寸过大会导致单个像素点变大,打印分辨率和精度会急剧降低。通常,DLP 为了追求分辨率会牺牲成型尺寸,专注于制作高精度、高分辨率的制件。

(3)成型方向

SLA 技术多采用下沉式成型,即成型方向是自上而下的。DLP 技术多采用上拉式成型,即成型方向是自下而上的,如图 3-39 所示。少数桌面级 SLA 设备会使用上拉式成型。

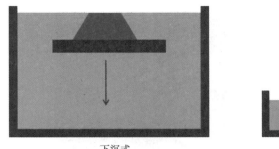下沉式

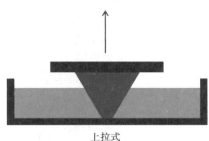上拉式

▲图 2-39　SLA 与 DLP 的成型方向对比

三、DLP 技术的工艺流程

DLP 技术的工艺流程与 SLA 技术的工艺流程一样,如图 2-40 所示,这里就不做赘述。

模型文件准备 ➡ 模型修复 ➡ 切片 ➡ 打印 ➡ 后处理

▲图 2-40　DLP 工艺流程

这里主要介绍一下 DLP 切片工艺中的添加支撑。由于 DLP 采用上拉式成型,成型过程中会出现拉拔力(离型力),添加支撑时就需要考虑如何减少拉拔力。影响拉拔力的因素有很多:树脂黏度、离型速度、新成型层面面积、新成型层面与离型膜的距离。在这些因素中,新成型层面面积会影响支撑结构。因此在 3D 打印中,模型往往需要摆放成某一角度,从而减少每层的横截面积,反而减少支撑的数量并非首要问题。

四、DLP 技术的常用材料

DLP 的常用材料与 SLA 一样,都是光敏树脂,这里不做赘述。

五、DLP 技术的优缺点

1. DLP 技术的优点

①超高精度、表面光滑,除了局部支撑几乎不用打磨处理。
②材质好,纹路清晰,凸显细节。
③极具质感的视觉效果,制作速度快。
④可使用材料多,满足各种性能需求。

2. DLP 技术的缺点

①无法打印大型物件。
②在打印过程中可能会发生散光现象,尤其是边缘部分可能会模糊不清。

六、应用案例

1. 打印首饰蜡型

利用 DLP 3D 打印机可以打印首饰蜡型,用于铸造,大大提高了生产效率,产品的生产周期相对于传统工艺缩短了一半以上。同时设计更自由,可以设计更复杂的首饰,通过打印蜡型生产,如图 2-41 所示。

▲图 2-41　打印首饰蜡型

2. 打印手办

DLP 技术的打印精度和分辨率在各种 3D 打印技术中是首屈一指的。利用 DLP 打印手办的效果特别好，细节还原度极高，如图 2-42 所示。

▲图 2-42　打印手办

七、国内外主要设备厂家

1. 德国 EnvisionTEC 公司

EnvisionTEC 创立于 2002 年，拥有领先的商业 DLP 打印技术。公司当前提供 40 多款基于 6 种不同技术的打印机，用于根据数字设计文件打印实物。

2. 中国大业激光成型技术有限公司

深圳市大业激光成型技术有限公司是由多位激光、电子及设计行业的资深专家于 2012 年 10 月创立，是一家集 3D 打印设备研发、3D 打印产品设计、3D 打印服务于一体的综合性 3D 打印高新技术企业。其代表产品如图 2-43 所示。

▲图 2-43　大族激光 D100 设备

公司目前在华南的深圳、华东的苏州、华北的北京、西北的西安等地建立了研发及服务基地,未来将在更多地区建立服务当地的技术支持体系。

任务四 • 了解喷墨打印技术（Polyjet）

学习提要

➕ 理解 Polyjet 技术的成型原理,与 SLA、DLP 技术的区别。
➕ 了解 Polyjet 技术的常用材料。
➕ 了解 Polyjet 技术的优劣势。
➕ 了解 Polyjet 技术的应用案例及适用范围。

学习内容

一、Polyjet 技术概述

Polyjet 是由以色列 Objet 公司在 2000 年年初推出的专利技术,是目前 3D 打印技术中最先进的技术之一。

二、Polyjet 技术的成型原理

Polyjet 技术的成型原理是打印喷头沿 X 轴方向来回运动,与喷墨打印机十分类似,不同的是喷头喷射的不是墨水而是微小的液滴状光敏树脂材料。当光敏聚树脂材料被喷射到工作台上后,UV 紫外光灯将沿着喷头工作的方向发射 UV 紫外光对光敏树脂进行照射固化。完成一层的喷射打印和固化后,设备内置的工作台会极为精准地下降一个成型层的厚度,喷头继续喷射光敏树脂材料进行下一层的打印和固化。就这样一层接一层,直到整个工件打印制作完成,如图 2-44 所示。

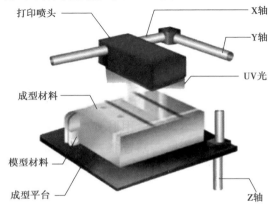

▲图 2-44　Polyjet 成型原理

三、Polyjet 技术的工艺流程

Polyjet 技术的工艺流程与 SLA 技术的工艺流程基本一致，如图 2-45 所示，最大的区别是 Polyjet 技术基于其喷射的原理，可同时喷射不同颜色、不同性能的材料，从而实现多种颜色、不同软硬度、透明和不透明材料等的同时打印，无须通过后处理上色。同时由于其支撑材料可在水溶液中溶解，支撑去除更加简单。

▲图 2-45　Polyjet 工艺流程

四、Polyjet 技术的常用材料

1. 硬质不透明材料

硬质不透明材料有多种颜色，可制作全彩的打印件，主要适用于制作视觉模型、工程原型、产品装配件。

2. 硬质透明材料

硬质透明材料有绝佳的透明效果，主要适用于制作透明或透视零件、镜头、眼镜、玻璃、灯罩等。

3. 类 PP 材料

类 PP 材料具有半刚性、抗冲击性强、高伸长率等特性，主要适用于制作卡扣组件、容器、包装等。

4. 耐高温材料

耐高温材料用于制作有耐热要求的零件。

5. 生物相容性材料

生物相容性材料具有生物相容性，可用于制作手术导板、工具、术前模型等。

五、Polyjet 技术的优缺点

1. Polyjet 技术的优点

①支持最高可达 16 μm 的精度，确保获得流畅且非常精细的部件与模型。

②精密喷射与构建材料性能可保证细节精细与壁薄。

③适用于办公室环境，采用非接触式树脂载入/卸载，容易清除支撑材料，容易更换喷射头。

④得益于全宽度上的高速光栅，可实现快速打印，可同时构建多个项目，并且无须事后凝固。

⑤材料品种多样，可制作不同几何形状、不同机械性能的部件，还支持多种型号材料同时喷射。

⑥可打印多种颜色，实现全彩、渐变效果。

2. Polyjet 技术的缺点

①需要支撑结构。

②与 SLA 一样使用光敏树脂作为耗材,但所有材料均只能通过厂家购买,成本相对较高。

③由于材料是光敏树脂,成型后强度、耐久度都不是很高。

六、应用案例

1. 打印全彩医学教学模型

使用 Polyjet 技术打印全彩医学教学模型(见图2-46),还原度高,效果好,使医学教学更直观,且相对于传统医学教学模型,制作成本更低。

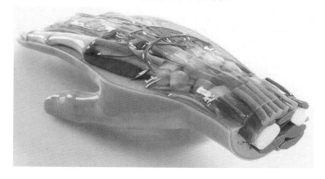

▲图2-46　打印全彩医学教学模型

2. 打印艺术模型

西南大学美术学院著名雕塑家陈刚设计了具有重庆山城元素的艺术模型,利用 Polyjet 技术,打印出全彩透明效果,将 3D 打印与艺术进行了融合,如图2-47 所示。

▲图2-47　打印艺术模型

七、国内外主要设备厂家

1. 美国 Stratasys 公司

Stratasys 公司的代表设备见表 2-2。

表 2-2　Stratasys 公司的代表设备

序号	设备型号	成型尺寸/mm
1	Objet J735	350×350×200
2	Objet J750	500×400×200
3	Objet260 Connex3	260×260×200
4	Objet350 Connex3	350×350×200
5	Objet500 Connex3	500×400×200

2. 中国赛纳打印科技股份有限公司

赛纳打印科技股份有限公司成立于 2006 年，是以技术为基础，专利为核心，集研发、设计、生产、销售为一体，专注从事打印产业领域产品制造与技术服务的国际化集团型企业。集团主营业务涉及集成电路开发、3D 打印技术研发与设备制造、打印耗材研发等。

其代表设备见表 2-3。

表 2-3　赛纳公司的代表设备

序号	设备型号	成型尺寸/mm
1	J300	300×300×250
2	J400	400×350×250
3	J500	550×450×300
4	J501	500×400×300

任务五 · 了解选择性激光烧结成型（SLS）

学习提要

- ➕ 理解 SLS 技术的成型原理；
- ➕ 了解 SLS 技术的工艺流程；
- ➕ 掌握 SLS 技术的常用材料及其特性；
- ➕ 了解 SLS 技术的优劣势，掌握其应用领域、适用范围。

学习内容

一、SLS 技术概述

选择性激光烧结（Selective Laser Sintering，SLS），最早由美国得克萨斯大学奥斯汀分校的德查德于 1989 年研制成功。SLS 技术由于其不需要添加支撑，并且打印件的强度高，使得它成为极具潜力的 3D 打印技术之一。

二、SLS 技术的成型原理

SLS 技术的成型原理是由计算机控制激光器选择性烧结粉末材料，使材料烧结在一起，从而得到零件的截面，每烧结完一层，工作台下降一层，粉缸上升一层，铺粉辊完成铺粉。重复以上步骤，层层堆积生成所需零件，如图 2-48 所示。

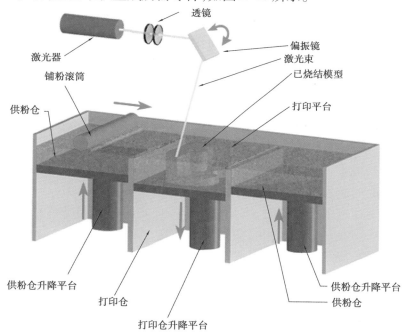

▲图 2-48　SLS 技术的成型原理

三、SLS 技术的工艺流程

SLS 技术的工艺流程可分为切片前处理、切片、打印、后处理 4 个步骤，如图 2-49 所示。

▲图 2-49　SLS 工艺流程

1. 切片前处理

切片前处理阶段包括模型文件准备和模型修复，详细步骤同 FDM 工艺流程一致。

2. 切片

切片阶段主要包括模型导入、排包、切片导出，其中排包是最重要也是最难的部分。

（1）模型导入

将修复好的三维模型文件直接导入专业的排包软件中即可，主要的排包软件有 Magics 和各设备厂家自带的软件。

（2）排包

排包是对单次打印的整个舱室的模型进行摆放布局。SLS 技术可进行小批量生产，一次可打印几百个零件，模型的摆放会影响打印件的外观质量和强度，因此模型摆放就显得十分重要。

SLS 技术不需要添加支撑结构，仅靠下方粉末的自支撑即可打印悬空结构，因此模型的摆放也不需要考虑支撑系统，其主要考虑以下几点：

①表面质量：SLS 技术打印件的上表面比下表面质量更好，因此对于有外观要求的面应朝上摆放。

②机械强度：由于 Z 轴方向的强度比 XY 平面差，对于强度要求较高的方向应平躺摆放。

③圆柱、圆孔结构：打印圆柱和圆孔结构，应将圆柱和圆孔的轴线与 Z 轴平行摆放，以保证其圆度。

④打印时间、成本：打印的最终高度是由摆放得最高的零件决定，打印件越高，切片层数越多，打印时间越长，成本也就越高。

⑤摆放间隙：摆放多个零件时，应注意各个零件之间的间隙以及零件和成型舱的间隙，不能太近。

⑥大面积摆放：烧结较大平面工件时，应将大平面倾斜 30°角摆放以避免直接烧结大平面。直接烧结大平面会使热应力过大，导致出现开裂、翘边等问题。

（3）切片导出

摆放完成后进行碰撞检测，确认无误后可开始切片，并将切片结果传输至打印机。

3. 打印

将切片完成的数据导入 SLS 打印机中，选好打印材料的类型并准备足量的原材料，设置好工艺参数即可开始打印。整个打印过程都由计算机控制，无须人工干预。

4. 后处理

SLS 工艺后处理阶段包括取件、喷砂、筛粉、混粉以及对打印工件的二次处理。

（1）取件

打印完成后，需要经过较长时间的冷却，待粉体冷却至 60 ℃以下再进行取件。如果未经过长时间充分冷却就取件，取出的零件会因为本身的温度与外界温差过大而产生变形。

（2）喷砂

取出的零件表面有少许粉末材料残留，需要用喷砂机将多余的粉末清除干净。

（3）筛粉

在烧结过程中,有些粉末由于温度过高会发生黏接,从而结块。这部分材料无法回收再利用,因此需要用筛粉机将结块的材料筛选出来。

（4）混粉

打印所用的粉末可分为下列4类：

- 新粉：全新的粉末；
- 余粉：建造后成型缸里面没有成型的粉末；
- 溢粉：铺粉过程中,铺满成型面后,随铺粉辊带至溢粉缸的粉末；
- 混合粉：新粉、余粉、溢粉按固定比例混合搅拌到一起的粉末。

对于要求特别高的产品,可采用新粉打印,但是成本会比较高。通常情况下,都会使用混合粉进行打印。

（5）二次处理

拼接：打印超过成型舱尺寸的大工件时,需要将模型切割、分拆,打印完成后,再拼接成一个整体。

校正：将变形工件放入烤箱加温,再趁热以固定板压紧,从而达到校正的目的,如图2-50所示。

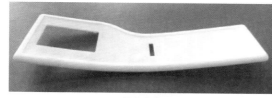

工件弯曲变形　　　　　　　　　　　　校正后

▲图2-50　校正工艺

涂脂：在工件表面涂水性环氧树脂,并烘干,可提高表面光洁度及气密性。

喷漆：工件表面喷漆之后,可以更加美观。（注：喷漆前需要经过"打磨→喷底漆→刮灰→2次打磨→2次喷漆→2次刮灰→3次打磨—喷面漆"等多道工序,直至将物件打磨得完全光滑,才能喷面漆）

电镀：打磨光滑后的零件也可进行电镀。

攻丝：工件在烧结过程中粘粉,或者螺纹里面的粉末清理不彻底,会导致一部分螺纹孔无法顺利拧紧螺钉。为保证工件的螺纹能够顺利、牢固地拧入螺钉,可以采取攻丝的方法。

四、SLS技术的常用材料

SLS技术的常用材料为粉末状高分子材料,其力学性能十分优异,见表2-4。

表2-4　高分子材料的力学性能

材料名称	尼龙12	尼龙12+玻璃微珠	尼龙12+碳纤维	尼龙6	尼龙6+玻璃微珠
密度/(g·cm^{-3})	0.95	1.26	1.1	1.14	1.41
抗拉强度/MPa	46	44	65~70	74	77.3

续表

材料名称	尼龙 12	尼龙 12+玻璃微珠	尼龙 12+碳纤维	尼龙 6	尼龙 6+玻璃微珠
抗弯强度/MPa	46.3	68	94 ~ 113	99	130.1
抗冲击强度（无缺口）/(kJ·m⁻²)	13.2	19.28	16	67.2	13.6
断裂伸长率	36%	5%	3% ~ 4%	4%	1.7%
熔点/℃	183	184	184	225	224.6
热变形温度（0.45 MPa）/℃	146.2	162	168	191	219.4
颜色	白色	灰色	黑色	黑色	黑色

五、SLS 技术的优缺点

1. SLS 技术的优点

①无须支撑。加工过程中，由于材料能自支撑，无须单独添加支撑。因此，此技术能够打印特别复杂的零件，如镂空、点阵、多层结构等。

②生产周期较短。整个加工过程都是数字化控制，生产小批量零件的时间较短。

③打印件机械性能好。SLS 技术可打印工程级塑料，并且各向同性，Z 轴强度可达 XY 轴的 90%。

2. SLS 技术的缺点

①材料利用率低。虽然 SLS 技术打印不需要支撑材料，但是由于尼龙粉末材料重复使用后会变黄，且打印件的性能变差，所以一般采用新旧粉按 1 : 1 混合使用，导致材料利用率不高。

②表面质量较差。SLS 技术是利用激光的能量使尼龙粉末烧结成型，粉末之间并未完全熔化，导致打印件密度并不高，表面有颗粒感，且很难打磨抛光。

③打印环境较差。在烧结过程中，尼龙粉末熔化会产生异味，同时由于尼龙粉末颗粒很细、轻，在转粉、取件、筛粉过程中会飞溅，人员在操作过程中需要戴口罩。

六、应用案例

1. 打印赛车方向盘

赛车的很多零部件由于用量很少，设计独特，可利用 3D 打印技术来进行制作。图 2-51 是利用 SLS 技术打印的纯尼龙赛车方向盘，针对赛车手进行个性化定制。

2. 打印汽车空调外壳

在汽车行业的新产品开发阶段，利用 SLS 技术一体化打印汽车空调外壳，如图 5-52 所示。其耐温适用范围大于常用材料 ABS，其性能比 ABS、硅胶模材料更好，耐磨性、耐疲劳及可靠性更出色。同时，添加 GF 玻璃微珠后具备 V0 级别的阻燃性能。

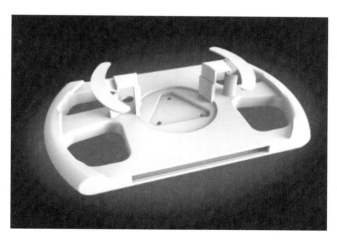

▲图 2-51　赛车方向盘

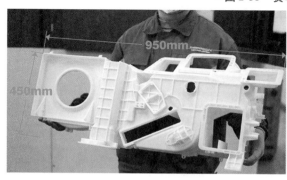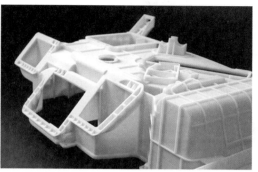

▲图 2-52　汽车空调外壳

七、国内外主要设备厂家

1. 德国 EOS

　　EOS 公司由 Hans Langer 博士于 1989 年在德国慕尼黑创立。EOS 公司一直致力于激光粉末烧结快速制造系统的研究与设备制造。

　　在 1990 年的时候，EOS 公司向宝马公司的研发项目部卖出了第一台 3D 打印设备——STER EOS400。此后 EOS 公司发布了自己的立体打印系统，并成为欧洲第一家提供高端快速成型机系统的企业。经过 30 多年的发展，EOS 公司现在已经成为全球最大、技术领先的激光粉末烧结快速成型系统制造商，同时也为增材制造提供端到端的解决方案：从零件的设计到零件的制造以及后处理这一系列过程的解决方案。其产品适用于工业、航空、医疗等领域。

2. 中国湖南华曙高科技有限公司

　　湖南华曙高科技有限公司是国内最大的 SLS 设备生产商，由许小曙博士创立。他是国际增材制造领域的知名专家，曾担任数家美国增材制造公司（包括 DTM、3D Systems 和 Solid Concepts）的技术总监，具有增材制造领域最先进的技术与理念，领衔研发了对制造业有革命性影响的基于 SLS 技术的工业级 3D 打印机，被欧美誉为"SLS 之父"。

3. 中国北京隆源自动化成型系统有限公司

北京隆源自动化成型系统有限公司为三帝打印科技有限公司的控股子公司。它成立于1994年，当年即研制成功国内首台自主知识产权的商品化工业级3D打印设备——SLS技术3D打印机（1995年通过了北京科委组织的成果鉴定），是中国最早实现工业级3D打印产业化、服务化的企业之一，是国家级高新技术企业、北京市智能制造关键技术装备供应商。

任务六 · 了解多射流熔融技术（MJF）

学习提要

+ 了解MJF技术的成型原理；
+ 掌握MJF技术的常用材料及特性；
+ 了解MJF技术的优劣势，分清其与SLS技术的区别；
+ 掌握MJF技术的应用案例、适用范围。

学习内容

一、MJF 技术概述

多射流熔融技术（Multi-Jet Fusion，MJF），由平面打印巨头企业惠普（HP）公司于2014年研发成功的。该技术使3D打印技术在速度和性能方面取得了突破性进展。

二、MJF 技术的成型原理

MJF技术的成型原理是在打印平台铺设粉末材料，然后由打印喷头喷射助溶剂（帮助材料融合）和精细剂，同时两侧热源进行加热，喷有助溶剂的地方，经热源加热后材料会熔化成型，精细剂可使轮廓更加精确和光滑。打印完成一层后，成型仓下降一层，铺粉模块进行再次铺粉，重复以上步骤直至打印完成，如图2-53所示。

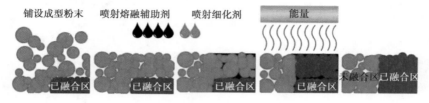

铺设成型粉末　喷射熔融辅助剂　喷射细化剂　能量

已融合区　已融合区　已融合区　已融合区　未融合区 已融合区

▲图2-53　MJF技术的成型原理

三、MJF 技术的工艺流程

MJF技术的工艺流程同SLS类似，这里不做赘述。唯一的区别是后处理阶段。惠普公司推出了专门的后处理工作站，一站式完成冷却、取件、筛粉、混粉等步骤，具有极高的自动化程度。同时避免操作人员过多接触粉末材料,保护人员安全和环境不受污染,也能保持材料的纯净度。

四、MJF 技术的常用材料

由于 MJF 技术材料的工艺原理限制,导致其对成型材料要求较高,目前比较成熟的材料主要有 PA12 和 PA11,其性能见表 2-5。

表 2-5　PA12 和 PA11 的性能表

材料	PA12	PA11
抗拉强度/MPa	48	50
拉伸模量/MPa	1 700	1 800
断裂伸长率/%	20	50
伊佐德缺口冲击强度/（kJ·m^{-2}）	3.5	6
热变形温度@0.45 MPa/℃	175	183
热变形温度@1.82 MPa/℃	106	50

五、MJF 技术的优缺点

1. MJF 技术的优点

①打印速度快,比传统 SLS 技术要快得多。

②打印件机械性能好。由于 MJF 技术使材料熔化更完全,打印件的密度较高,且机械性能更好,各向同性好。

③材料利用率高。MJF 技术由材料自支撑,新旧粉的比例可达到 2:8,所以材料的利用率极高,打印成本较低。

④操作简便。整个打印过程完全由设备自动完成,人为干预少,减少了材料的污染,同时对操作人员和环境更友好。

2. MJF 技术的缺点

①和 SLA 等技术相比,表面质量略差,且不易打磨和抛光。

②材料种类有限,只能满足部分产品的要求,且目前多数材料均只能通过惠普公司进行购买。

六、应用案例

1. 打印自行车头盔

图 2-54 是采用 MJF 技术制造的自行车头盔。传统的自行车头盔由两部分组成:外部注塑成型硬塑料和内部 EPS 泡沫塑料。这两部分的制作由于成本原因,只适合大规模生产。但是每个人的头型都是不同的,个性化的定制更符合大众的需求。此外,由于泡沫散热性不好,

▲图 2-54　自行车头盔

高强度运动后会出汗。利用 3D 打印技术可制作开放式的网状结构,让空气流入,便于散热。

2.打印假肢

在康复支具、义肢、假肢等医疗行业,由于个体化差异,需要进行个性化设计、制造,使得 3D 打印技术有很大的施展空间。利用 MJF 技术为患者定制的假肢,可以更贴合个体,使患者使用起来更舒适,如图 2-55 所示。

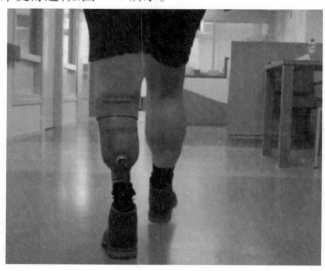

▲图 2-55　假肢

七、国内外主要设备厂家

MJF 技术由美国惠普公司研发,目前也仅有该公司能生产 MJF 技术设备。其代表设备见表 2-6。

表 2-6　惠普公司的代表设备

序号	设备型号	成型尺寸/mm
1	HP Jet Fusion 540	332×190×248
2	HP Jet Fusion 3D 4200	380×284×380
3	HP Jet Fusion 3D 4210	380×284×380

任务七 · 了解其他 3D 打印技术

学习提要

➕ 了解其他 3D 打印技术的成型原理。

➕ 了解其他 3D 打印技术的常用材料及其特性。

➕ 了解其他 3D 打印技术的优劣势。

➕ 理解其他 3D 打印技术出现的原因,以及制约其发展的因素。

学习内容

一、连续液面成型技术

连续液面成型技术(CLIP)是 2014 年由美国 Carbon3D 公司在 SLA 技术的基础上开发的 3D 打印技术,将现有 3D 打印速度提高了 20 ~ 100 倍,而且取消了层的概念。该技术已于 2015 年取得专利。

CLIP 技术的成型原理是在底部投射光线,使光敏树脂固化,不需要固化的部分通过控制氧气抑制光固化反应,形成死区,从而保持稳定的液态区域,这样就保证了固化的连续性,如图 2-56 所示。

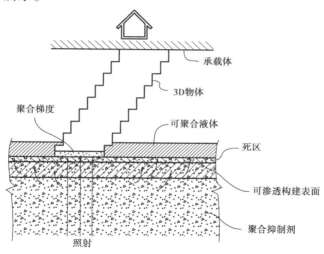

▲图 2-56 CLIP 技术原理

在打印装置中有一个非常重要的部分,既构建板,它包含半渗透性元件,可以通氧气,又可以通光线,类似隐形眼镜。光的作用是引发聚合成型(固化),而氧气的作用是阻止不需要打印的部分不聚合成型(不固化),通过特殊的精确控制技术,让需要固化的部分固化,不需要固化的部分被氧气阻止,最终完美打印出产品,所以结果是一个成型的东西像是从液体中"提"了出来。自然打印速度也就成百倍地提高。

二、三维粉末黏接技术

三维粉末黏接技术(Three-Dimensional Printing, 3DP)是由美国麻省理工学院 Emanual Sachs 等人研制的,并于 1989 年申请了专利。3DP 是最早出现的 3D 打印技术之一,它以粉末材料作为原材料,如陶瓷粉末、石膏粉末、沙等。

3DP 技术的成型原理与 SLS 技术类似,先将一层很薄的粉末材料铺在工作台上,然后由喷墨打印头在指定的地方喷射类似于胶水的液态黏合剂,将粉末材料黏接起来。

打印完成一层后，工作台下降一层，进行下一层的铺粉和打印，逐层完成产品打印。通过3DP 的成型原理，我们可以知道这种技术也是不需要支撑材料的，可以打印复杂结构。同时，也可以通过喷射彩色"墨水"，实现全彩打印。但是该技术由于所用材料的颗粒直径较粗，打印件的颗粒感十分明显，表面粗糙，并且由于黏接剂无法实现绝对精确的粘连，打印件表面往往会粘连多余的材料，导致精度较低。

　　3DP 技术在砂型模具打印上应用广泛，利用该技术打印的砂型模具可直接用于铸造金属零件，如图 2-57 所示。

（a）砂模型具　　　　　　　　　　　　　　（b）砂铸零件

▲图 2-57　3DP 技术打印的砂型模具及铸件

模块三 感知金属3D打印世界

模块概述

近年来,金属3D打印正逐步从原型设计走向直接制造最终功能零件。本模块主要介绍选区激光熔化技术、电子束熔融技术、同轴送粉3D打印技术、激光熔覆技术的成型原理、流程、特点、常用材料及主要应用领域。选区激光熔化技术面向航空航天、武器装备、汽车模具及生物医疗等高端制造领域;电子束熔融技术面向生物医疗、航空航天、汽车制造等领域;同轴送粉3D打印技术面向大型装备制造业和传统机械制造业;激光熔覆技术的应用覆盖整个机械制造业,可广泛应用于零部件及工具的表面强化、残损零件和工具的改造和修复。

学习目标

- 了解选区激光熔化技术、电子束熔融技术、同轴送粉3D打印技术、激光熔覆技术的概念
- 掌握选区激光熔化技术、电子束熔融技术、同轴送粉3D打印技术、激光熔覆技术的特点和成型原理
- 熟悉选区激光熔化技术、电子束熔融技术、同轴送粉3D打印技术、激光熔覆技术的常用材料及其特性
- 了解选区激光熔化技术、电子束熔融技术、同轴送粉3D打印技术、激光熔覆技术的主要应用领域
- 了解国内外主要设备厂商

任务一 · 走进选区激光熔化技术

学习提要

➕ 理解选区激光熔化技术的特点和工艺原理；
➕ 了解选区激光熔化技术的工艺参数；
➕ 熟悉选区激光熔化技术的常用材料及其特性；
➕ 了解选区激光熔化的应用领域。

学习内容

一、选区激光熔化技术概述

选区激光熔化技术（Selective Laser Melting, SLM）是集计算机辅助设计、数控技术、3D 打印于一体的制造技术，它是在选区激光烧结技术的基础上发展起来的，是当今世界最先进的、发展速度最快的金属 3D 打印技术之一。

选区激光熔化设备是集成了光学、机械设计制造以及电气工程的综合性结构系统，如图 3-1 所示。整个设备的结构主要分为四大模块：激光光路系统、振镜扫描系统、铺粉系统和气体循环系统。

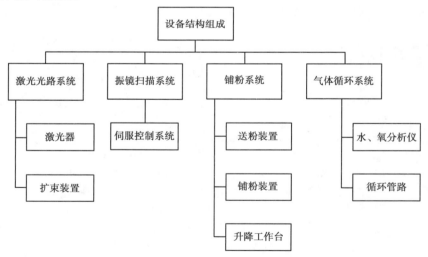

▲图 3-1 选区激光熔化设备结构模块图

激光光路系统的核心组成是激光器和扩束装置。激光器是选区激光熔化设备最核心的组成部件。光纤激光器作为第三代激光器，因其具有结构紧凑、效率高、光束质量好、散热性好、可靠性高等优点成为选区激光熔化设备所装配激光器的首选。

振镜扫描系统是一种由驱动板与高速摆动电机组成的一个高精度、高速度伺服控制系统。在振镜扫描系统中,反射镜主要由 X 镜片和 Y 镜片以及驱动电机组成。X 镜片、Y 镜片是激光光束完成光路反射的基础,核心是控制电动机。

铺粉系统主要由送粉装置、铺粉装置和升降工作台组成。升降工作台是零件成型的工作区域,其上安装有成型缸、送粉缸以及铺粉装置。成型缸是零件最终成型的位置,送粉缸负责将加工原材料输送到工作平面上,再通过铺粉装置将其铺展在激光扫描成型区域。

气体循环系统影响金属零部件成型品质的关键。选区激光熔化技术对氧含量具有高度敏感性,气体循环系统可根据生产工艺要求,自动检测、自动反馈成型室的氧含量,控制系统通过充入惰性气体,维持成型室低氧、干燥的环境。这样能够很大程度上降低危险性,也能延长精密仪器的使用寿命。

除了以上几大主要系统之外,选区激光熔化设备还包括机柜箱和一些辅助设备,如照明设备、门锁控制及安全警报装置等。

二、选区激光熔化技术的成型原理

选区激光熔化技术的成型原理如图 3-2 所示。

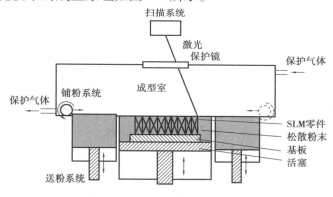

▲图 3-2　选区激光熔化成型原理图

具体成型原理如下:

①在计算机上利用三维造型软件如 Pro/E、UG、CATIA 等设计出零件的三维实体模型。

②基于离散-堆积原理,如图 3-3 所示,根据工艺要求,通过切片软件将该三维模型按照一定的厚度切片分层,即将零件的三维形状信息转换成一系列二维轮廓信息,获得各截面的轮廓数据,由轮廓数据生成填充扫描路径。

③计算机逐层调入三维实体模型的路径信息,设备通过扫描振镜控制激光束选择性熔化各粉层中对应区域的粉末,即成型零件在水平方向的二维截面,如此层层加工,直至整个三维零件实体制造完毕。

三、选区激光熔化技术的工艺流程及参数

1. 选区激光熔化技术的工艺流程

选区激光熔化技术的基本工艺流程包括:原材料准备(粉末定制)、前期数据处理

（包括原型设计、拓扑优化等）、选区激光熔化成型加工、后处理以及产品应用认证 5 个环节，如图 3-4 所示。

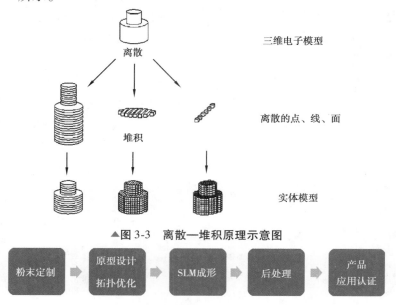

▲图 3-3 离散—堆积原理示意图

▲图 3-4 选区激光熔化技术的工艺流程图

①粉末定制：根据最终产品的综合性能要求选择或者定制粉末材料。

②原型设计拓扑优化：利用三维造型软件在计算机中生成零件的三维实体模型，将三维模型切片离散并规划扫描路径，得到可控制激光束扫描的路径信息。

③SLM 成型：计算机逐层调入路径信息，通过扫描振镜控制激光束选择性地熔化金属粉末，而未熔化区域的金属粉末仍呈松散状态。加工完第一层后，送粉缸上升，成型缸下降一个切片层厚度，铺粉刮刀或者辊轮将粉末从送粉缸刮到成型平台上，激光将熔化新铺的粉层，与上一层冶金熔合为一体。重复上述过程，直至成型过程结束，获得与三维实体模型相同的金属零件。

④后处理：通过选区激光熔化获得的金属零件需要进行后处理，主要包括热处理、表面处理、无损检测及三维扫描 3 部分。热处理主要是去应力退火；表面处理包括去除零件支撑、数控机床精加工、打磨抛光、喷砂等工艺；无损检测及三维扫描主要是利用 X 射线对零件进行无破坏的全尺寸检测，在对零件缺陷要求严格的情况下，还需要对零件进行热等静压处理，以减少或者消除零件内部缺陷，到达使用要求，然后使用三维扫描仪进行尺寸检测确定是否达到产品要求。

⑤产品应用认证：通过模拟工作环境，产品使用寿命达到安全使用范围后，确定该零件制备成功。

2. 选区激光熔化技术的工艺参数

选区激光熔化工艺有多达 50 多个影响因素，对成型效果具有重要影响的主要工艺参数包括：激光功率、扫描速度、铺粉层厚、扫描间距、扫描策略等。如图 3-5 所示为典型选区激光熔化工艺示意图。

①激光功率(P)：光纤激光器以掺稀土元素(Nd、Yb 或者 Er)光纤作为激光介质，以反射镜、光纤光栅作为谐振腔，其实际输出功率有能量损耗，因此激光输出值低于激光器的额定功率，单位为瓦［特］(W)。工业级选区激光熔化设备的激光功率一般为 400 W、500 W、700 W 和 1 000 W。

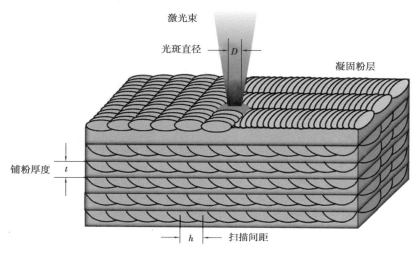

激光束

光斑直径　D

凝固粉层

铺粉厚度　t

h　扫描间距

▲图 3-5　典型选区激光熔化工艺示意图

②光斑直径(D)：激光束照射到铺在成型平台基板上所选择的区域，金属粉末会快速熔化形成微小的熔池，熔池大小受到光斑直径的影响。在相同能量密度下，光斑直径越小，能量集中度越好，能够有效熔化所选区域的金属粉末，获得致密的组织结构，可直接影响零件质量。

③扫描速度(v)：激光光斑沿扫描轨迹运动的速度，单位 mm/s 或者 m/s。目前 SLM 设备通常采用 7 m/s。

④铺粉厚度(t)：每次铺粉前工作台下降的高度，单位为 mm。根据不同的设备型号，可设置不同层厚，为 0.02～0.06 mm，甚至有设备制造商因客户需求，将层厚增大至 90 μm，以提高零件生产效率。

⑤扫描间距(h)：激光束扫描的相邻两条熔融道中心线之间的水平距离。如图 3-6 所示，为电子显微镜 SEM 拍摄的选区激光熔化成型 AlSi10Mg 合金表面形貌，其中两条直线为相邻两熔融道的中心线，之间的水平距离即为扫描间距。

⑥搭接率：相邻两条熔融道重合的区域宽度占单条熔融道宽度的比例即为搭接率，它直接影响粉末成型效果。

⑦扫描策略：激光光斑的移动方式。常见的扫描策略有棋盘格式、条带式、表面—核心式等，如图 3-7 所示。

⑧能量密度(E)：分为线能量密度和体能量密度，用来表征工艺特点的指标。线能量密度是激光功率与扫描速度的比值，即 $E_l = P/v$，单位为 J/mm；体能量密度是激光功率与铺粉层厚、扫描速度和扫描间距的比值，$E_v = P/(htv)$，单位为 J/mm^3，在 SLM 过程中，通过试验不同组合的工艺参数，获得最优成型质量，即可获得材料的最优体能量

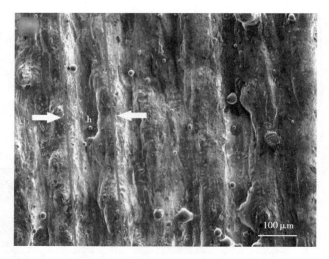

▲图 3-6　选区激光熔化成型 AlSi10Mg 合金表面形貌 SEM 图

　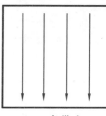　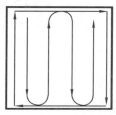

（a）棋盘格式　　　　　（b）条带式　　　　　（c）表面—核心式

▲图 3-7　几种典型扫描策略

密度。

⑨支撑结构:选区激光熔化技术属于一个热力学过程,应力和热变形是所有材料潜在的问题。对于高熔点金属粉末材料,所有的弧形或者弓形零件都需要添加必要的支撑结构,因为打印腔室的热梯度高,如果不使用支撑结构,将导致零件产生热应力或者发生弯曲变形。

四、选区激光熔化技术的特点

选区激光熔化是金属 3D 打印最主流的技术,相比传统减材（切削加工）或者等材制造（锻造、铸造）工艺,选区激光熔化技术具有以下几个特点:

①材料使用范围广,成型材料一般为单一组分金属粉末,主要包括铁基（不锈钢、模具钢等）、铝基、钛基、镍基、铜基等多种合金粉末。

②减少废弃的副产品,成型材料能够回收,筛分后再利用,可大幅降低生产成本。

③实现设计自由,可制作复杂结构的金属件,如镂空薄壁、多孔、晶格结构的零件。

④加工过程柔性化,无须刀具、模具,制造工序少,制作周期短。

⑤激光束采用细微聚焦光斑,熔池小,沉积单元小,可获得较好的表面粗糙度,成型零件精度较高。

五、选区激光熔化技术的常用材料及其特性

1.常用金属材料分类

目前，选区激光熔化技术使用的金属粉末材料包括钛合金、铝合金、镍基高温合金、铁基（如不锈钢、模具钢）、钴铬合金、铜合金，以及金、银等贵金属材料。表3-1为典型选区激光熔化技术使用合金粉末的分类。

表3-1　典型选区激光熔化技术使用合金粉末的分类

合金系列	牌号	氧含量/ppm
铁基	304L、316L、17-4PH、15-5PH、H13、18Ni300（1.2709）、GH1131	≤300
铝基	AlSi10Mg、AlSi7Mg、AlSi12、AlSi9Cu3	500~1 000
镍基	GH3536（Hastelloy X）、GH4169（In718）、GH3625（In625）、GH738（LC）、In939（LC）	≤300
钛基	TC4、TC6、TC11、TC18、TA15、纯钛	≤1 300
钴基	CoCr28Mo6、CoCr25W5Mo4.5、GH5188	≤500
铜基	CuCr1Zr、CuCrNb	≤500
其他	Ag、Au、Pt、高熵合金	

（1）铁基合金

铁基合金是一种使用量大且应用广泛的硬面材料，其最大特点是综合性能良好，材料价格低廉。铁基合金是选区激光熔化技术研究和使用较多的一类合金，首先因为铁基合金粉末易制备、不易氧化、流动性好，其次铁基合金是工程技术中使用最广泛的合金。目前，主要研究和使用的铁基合金包括模具钢、不锈钢和马氏体钢等。不锈钢具有耐高温和力学性能优良等特性，又因为其粉末成型好、制备工艺简单且成本低廉，是最早应用于金属3D打印的材料。以18Ni300为例，又称马氏体时效钢，在时效过程中能够保持高强度、高韧性和良好的尺寸稳定性。与其他钢不同，它不含碳，通过与高含量的合金元素（如镍、钴和钼）进行冶金反应达到硬化效果，再加上高表面硬度和耐磨性，18Ni300能够适用于许多模具行业，例如，注塑模具、轻金属合金铸造、冲压和挤压等，同时，也应用于高强度机身部件和赛车零部件等。

目前，应用于金属3D打印的不锈钢主要有3种：奥氏体不锈钢316L、马氏体不锈钢15-5PH、马氏体不锈钢17-4PH。

奥氏体不锈钢316L，具有高强度和耐腐蚀性，可应用于航空航天、石化等多种工程应用，也可以用于食品加工和医疗等领域。马氏体不锈钢15-5PH，又称马氏体时效（沉淀硬化）不锈钢，具有很高的强度、良好的韧性、耐腐蚀性，而且可以进一步硬化，是无铁素体，广泛应用于航空航天、石化、食品加工、造纸和金属加工业。马氏体不锈钢17-4PH，在高达315 ℃时仍具有高强度和高韧性，而且耐腐蚀性超强，随着激光加工状态可以带来极佳的延展性。

（2）纯钛及钛合金

目前，市场中使用的纯钛粉体材料分为 1 级和 2 级，2 级粉体较 1 级粉体具有更强的耐腐蚀性和生物相容性，因此 2 级纯钛在医疗行业具有广泛的应用前景。

钛合金具有耐高温、耐腐蚀性好、强度高、密度低以及生物相容性优良等特点，在航空航天、核工业、化工、生物医疗等领域得到了广泛应用。通过传统的铸造、锻造工艺技术制备的钛合金件已经被广泛应用在高科技领域，如一架波音 747 飞机，钛合金用量达到了 42 吨以上，美国的战斗机如 F22 等，其钛合金质量占总质量的 42%。但是采用传统工艺生产大型钛合金零件存在产品成本高、原材料利用率低、工艺复杂以及后续加工困难等因素，这阻碍了钛合金更为广泛的应用。金属 3D 打印技术可以从根本上解决这些问题，因此该技术成为直接制造钛合金零件的新型技术。

目前，应用于金属 3D 打印的钛合金主要是 TC4，因为其优异的强度和韧性，结合耐腐蚀、低比重和生物相容性，所以在航空航天和汽车制造中具有非常理想的应用，主要用于喷气发动机、飞机骨架等。喷气发动机要求较高的高温抗拉强度、蠕变强度和疲劳强度以及良好的高温热稳定性；飞机骨架所考虑的基本性能是断裂韧性、高拉伸强度和良好的疲劳强度。另一方面，钛材能很好地满足海洋用结构材料所需的抗风浪、抗冰场压力及地震造成的振荡和动态负荷的能力，还能满足在海洋深处应有的耐腐蚀能力的需求，因而在海洋工程及滨海建筑中的应用正在逐步增加。

（3）铝合金

铝是自然界分布最广的金属元素。铝的优点是熔点低，密度小，可强化，塑性好，易加工，抗腐蚀。但是，在 3D 打印应用中，铝存在以下缺陷：一是加工安全性，由于铝的化学活性高，铝合金粉末极易燃烧，甚至发生爆炸；二是铝的强度低，机械性能不佳；三是铝暴露在空气中易氧化，成型困难。

铝合金属于轻金属材料，是现阶段应用最广、最为常见的汽车轻量化材料。目前选区激光熔化用铝合金材料的种类主要有 AlSi10Mg、Al7SiCuMg、AlSi12 等，其中 AlSi10Mg 使用量最大。AlSi10Mg 和 Al7SiCuMg 合金均以 Mg_2Si 二次相为主要强化相，具有较高的强度，良好的导热性，适用于薄壁零件。AlSi12 具有良好的热性能，可应用于薄壁零件如换热器或其他汽车零部件。但是，铝硅系列合金的综合力学性能不高，无法满足高强度要求，法国 Airbus 公司开发的高强铝合金 Scalmalloy、英国铸造公司 Aeromet International 生产的 A20X、上海交通大学特种材料所研发的纳米增强铝基复合材料以及苏州倍丰激光科技有限公司研发的 Al250C 等 SLM 用高性能铝合金，均达到航空工业级生产标准。

（4）镍基合金

镍基合金是一种新型航空金属材料，它在 600 ~ 1 000 ℃高温下具有较高的强度，良好的抗氧化性和耐蚀性，以及良好的塑性和韧性。镍基合金综合性能优异，能够承受复杂应力，主要用于高性能发动机，同时也广泛应用于石油化工、船舶等领域。在现代先进的航空发动机中，镍基合金材料的使用量可高达 60%，现代高性能航空发动机的发展对高温合金的使用温度和性能的要求越来越高。传统的铸造冶金工艺已经不能满足需求，而选区激光熔化在镍基高温合金成型中成为解决技术瓶颈的新思路。目前，常用的 SLM 成型镍基高温合金主要有 GH3536、GH4169、GH3625、GH738 等。

GH3536是一种含铁量较高,并以铬和钼固溶强化为主的合金。在高温下具有高强度和抗氧化性,在高达1 200 ℃的环境中,也具有良好的延展性,目前,主要应用于航空航天领域,例如,燃气轮机部件和燃烧区组件如过渡管、燃烧器罐、喷杆、排气管、加力燃烧室等,而且还因为具有耐应力腐蚀开裂的性能,也应用于化学、石油化工等领域。GH4169是基于铁镍硬化的超合金,具有良好的耐腐蚀性及耐热、拉伸、疲劳、蠕变性,适用于各种高端应用,例如,飞机涡轮发动机和陆基涡轮机等。GH3625在高温约815 ℃的条件下依然具有良好的负载性能,而且耐腐蚀性强,广泛应用于航空航天、化工及电力工业中。GH738具有良好的高温蠕变断裂强度,是铬含量较低的新合金,具有优良的抗热腐蚀性,可长期暴露于高达920~980 ℃的高温腐蚀性环境中,适用于飞机发动机、燃气轮机等行业。

（5）钴铬合金

钴铬合金的主要成分是钴和铬,它具有优异的抗腐蚀性能和机械性能,用其制造的零件强度高、耐高温、无磁性,并且具有优质的生物相容性,最早用于制造人体关节,现在已经广泛应用于口腔领域,同时其还可用于发动机部件和珠宝行业。因为不含有对人体有害的镍元素和铍元素,选区激光熔化个性化定制的钴铬合金烤瓷牙已成为非贵金属烤瓷的首选。

（6）铜基合金

市场上使用的铜基合金,俗称青铜,具有良好的导热性和导电性,可以结合设计自由度,产生复杂的内部结构和冷却通道,适合冷却更有效的工具插入模具,如半导体器件,也可用于微型换热器,具有壁薄、形状复杂的特征。

2. 粉末特性及典型成型材料组织特性

（1）常用粉末特性

球形金属粉末是金属3D打印最重要的原材料,也是金属3D打印产业链最重要的环节。在2013年世界3D打印技术产业大会上,世界3D打印行业的权威专家明确定义了3D打印金属粉末,即直径小于1 mm的金属颗粒群,包括单一金属粉末、合金粉末以及具有金属性质的某些难熔化合物粉末。

成型材料是选区激光熔化技术的关键环节之一,它对成型构件的物理、化学性能以及精度起着决定性作用。选区激光熔化工艺是金属材料的完全熔化和凝固过程,使用的材料主要是球形粉末,它包括纯金属、合金以及金属基复合材料等。成型材料的特性对成型质量的影响比较大,因此在选区激光熔化过程中,对粉末材料的成分、含氧量、形貌、粒度分布和流动性等均有严格的要求。

①成分。

选区激光熔化所用金属粉体的化学成分应严格按照国家或者国际标准要求,由于粉末比表面积大,相比固体金属更容易吸收或吸附各种气体,因此需要严格控制C、S、O、N这几种非金属元素的含量。

②含氧量。

含氧量对最终成型零件的性能有重要影响,因此选区激光熔化所用金属粉体需要达到低氧含量的要求。选区激光熔化所用金属粉体主要通过气雾化法和旋转电极法制得，因为两种工艺都是在真空或者惰性气体保护环境下制得球形粉末，因此粉末材料纯度较高，化学成分均能达到国家标准。针对不同种类的成型材料，其含氧量要求不同。一般的金属粉末，如镍基高温合金、模具钢，含氧量要求在 500 ppm 以下，而相对活泼的金属，如钛粉，一般要求是在 1 500 ppm 以下，以确保在安全生产的情况下获得高质量成型零件。

③粉末形貌。

粉末颗粒形状是影响成型零件致密性的关键因素，因为它直接影响粉末的流动性，进而影响铺粉的均匀性。在多层加工过程中，如果铺粉不均匀，将导致每一层金属熔化区域不均匀，最终使得成型零件的内部组织不均匀，有些区域结构致密，而其周围区域存在较多缺陷，如孔隙、微裂纹。

通过气雾化法和等离子旋转电极法制得的金属粉末颗粒球形度高，也会出现少许不规则的颗粒、空心球以及卫星球，如图 3-8、图 3-9 所示。

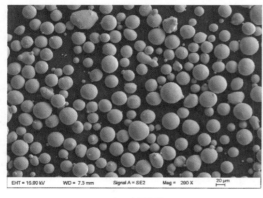
（a）气雾化

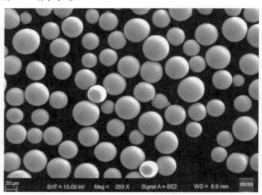
（b）旋转电极雾化

▲图 3-8　金属粉末显微形貌图

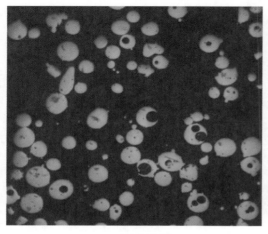
（a）空心球

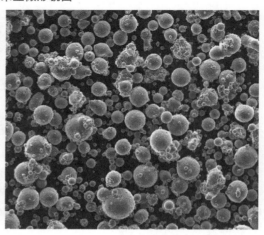
（b）卫星球

▲图 3-9　气雾化法金属粉末缺陷显微形貌图

可以用球形度 Q 或者圆形度 S 来表征颗粒接近球或圆的程度。颗粒的平均球形度用颗粒的表面积等效直径与颗粒的体积等效直径两者的比值来计算,其公式为

$$Q = \frac{d_s}{d_v} \tag{3-1}$$

式中　Q——颗粒球形度;

　　　d_s——颗粒表面积等效直径;

　　　d_v——颗粒体积等效直径。

圆形度是基于粉末颗粒二维图像分析的形状特征参数,其计算公式为

$$S = \frac{4\pi A}{C^2} \tag{3-2}$$

式中　S——颗粒圆形度;

　　　A——颗粒的投射阴影面积;

　　　C——颗粒的投射周长。

④粒度分布。

对于颗粒群,颗粒不同尺寸所占的比例,即粒度分布PSD(Particle Size Distribution)。一般粒径分布呈现正态分布,在实际生产过程中,主要关注 D10,D50,D90 这 3 个数值。它们分别表示 10%、50% 和 90% 的粉末材料其直径都小于某一值(单位:μm)。根据目前不同金属 3D 打印设备的需求,球形金属粉末粒径分布可以为:10 ~ 45 μm,15 ~ 45 μm,15 ~ 53 μm 和 20 ~ 63 μm。例如,选用德国 SLM Solutions 公司的金属 3D 打印设备,使用钛合金粉末进行成型加工,所需要的粉末粒径分布为 20 ~ 63 μm。图 3-10 为德国 SLM Solutions 公司的标准金属粉末粒径分布图。

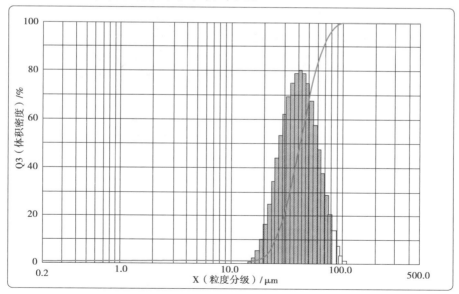

▲图 3-10　粉末粒径分布图

⑤流动性。

金属粉末的流动性能对选区激光熔化技术有极其重要的影响，粉末的流动性与工艺过程中的粉末铺展状态有紧密联系。目前国内外对粉末的流动性没有统一的衡量标准，主要测试的方式为通过霍尔流速计测定 50 g 金属粉末通过直径为 2.5 mm 容器所需要的时间。例如，典型的钛合金 Ti6Al4V 或者铝合金 AlSi10Mg 所测得的流动性为 30 ~ 40 s。

（2）典型材料组织特征及其力学性能

①TC4 合金。

图 3-11 所示为 SLM 成型 TC4 合金 OXY 平面内垂直于打印方向的低倍显微组织形貌。TC4 合金属于两相钛合金，从图 3-10 中看不到明显的熔融道，说明相变在 SLM 成型 TC4 合金中占主导地位，同时还可以看到大量的针状马氏体组织。室温力学性能是考核零件质量的关键指标之一。表 3-2 为中航迈特提供 TC4 合金选区激光熔化和热处理态，以及锻造态的 TC4 合金试样室温拉伸力学性能。

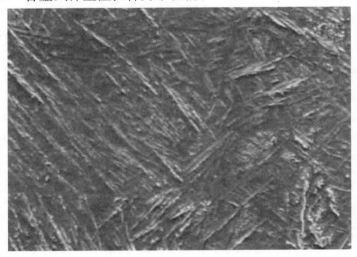

▲图 3-11　OXY 平面内垂直于打印方向的 TC4 合金显微组织形貌

表 3-2　TC4 合金试样室温拉伸力学性能

材料成型工艺及状态	力学性能		
	抗拉强度/MPa	屈服强度/MPa	断裂延伸率/%
选区激光熔化/热处理态	1 040 ~ 1 130	950 ~ 1 010	8 ~ 18
锻造退火态标准参照	≥895	≥825	8 ~ 10

②AlSi10Mg 合金。

图 3-12 所示为 SLM 成型 AlSi10Mg 合金的显微组织形貌。从图 3-12（a）中可以看出，OXZ 平面内垂直于打印方向的 AlSi10Mg 合金呈柱状分布，这与 SLM 成型的原理热梯度有关。图 3-12（b）为高倍放大图，可以看出，组织由网状的 Si 相（浅色）和 α-Al 基体

（深色）组成，Si 相主要集中分布在晶界处。表 3-3 为中航迈特提供 AlSi10Mg 合金试样室温拉伸力学性能。从与锻造态的性能对比可以看出，通过选区激光熔化工艺制备的试样其抗拉强度和屈服强度与锻造态相当，但断裂延伸率经过热处理后明显高于锻造态。

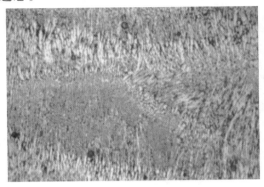 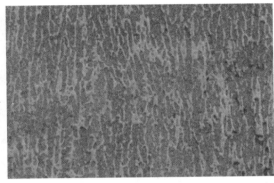

（a）低倍　　　　　　　　　　　　　　　　（b）高倍

▲图 3-12　OXY 平面内垂直于打印方向的 AlSi10Mg 合金显微组织形貌

表 3-3　AlSi10Mg 合金试样室温拉伸力学性能

材料成型工艺及状态	力学性能		
	抗拉强度/MPa	屈服强度/MPa	断裂延伸率/%
选区激光熔化/热处理态	280～350	170～220	8～18
锻造退火态标准参照	≥300	≥170	≥3.5

（3）高温合金 GH4169

图 3-13 所示为 OXY 平面内垂直于打印方向 SLM 成型 GH4169 高温合金的显微组织形貌。从图 3-14（a）中可以明显看出 GH4169 合金晶粒。图 3-13（b）为高倍放大图，可以看出，晶粒主要分为细晶粒、粗晶粒以及热影响区 3 个部分，同时在晶界处析出大量的 γ'。粗晶粒区主要是因为扫描路径经过搭接区域时，发生凝固区域重熔现象，导致晶

 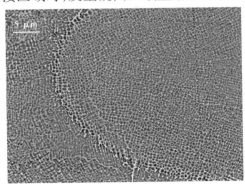

（a）低倍　　　　　　　　　　　　　　　　（b）高倍

▲图 3-13　OXY 平面内垂直于打印方向 GH4169 合金显微组织形貌

粒出现长大,同时也伴随产生热影响区,即粗、细晶粒区的过度区域。表 3-4 为中航迈特提供高温合金 GH4169 合金试样室温拉伸力学性能。

表 3-4 GH4169 合金试样室温拉伸力学性能

材料成型工艺及状态	力学性能		
	抗拉强度/MPa	屈服强度/MPa	断裂延伸率/%
选区激光熔化热处理态	1 350 ~ 1 500	1 140 ~ 1 280	9 ~ 20
锻造退火态标准参照	≥1 280	≥1 040	≥12

（4）钴铬合金

图 3-14 所示为 SLM 成型钴铬合金不同侧面的显微组织形貌。从图中可以看出,钴铬合金经历了快速熔化和快速凝固过程,二次相出现明显细化现象。图 3-14(a) 所示为垂直于打印方向的显微组织形貌,分别放大了 500 和 30 000 倍。从低倍图可以看到明显的熔融道,并且在熔融道边界有浅色的析出物,进一步分析得知为碳化物;从高倍图可以看出显微组织主要存在不规则树枝状碳化物,基体相为奥氏体。图 3-14(b) 为平行于打印方向的显微组织形貌,分别放大了 1 000 和 20 000 倍。从图中可以看出碳化物和基体呈交替分布。

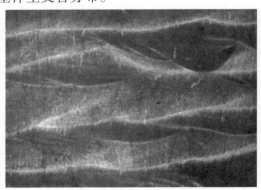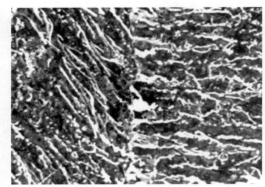

（a）OXY垂直于打印方向

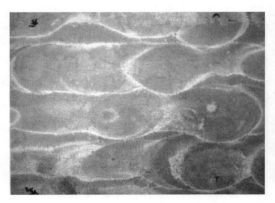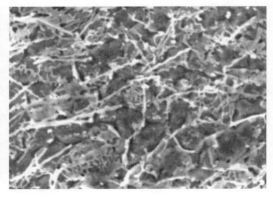

（b）OYZ平行于打印方向

▲图 3-14 SLM 成型钴铬合金典型微观形貌

　　传统医用铸造钴铬合金的维氏硬度值为 300 HV,锻造态的维氏硬度值为 265～450 HV。硬度试验测得 SLM 成型钴铬合金维氏硬度值为(476±6)HV,比传统工艺获得的硬度值要高,这主要受碳化物细化和弥散分布的影响。

　　表 3-5 为 SLM 成型钴铬合金试样室温拉伸力学性能。其力学性能与传统工艺相比较,强度大幅提高,但延伸率较差,接近铸造水平,但远低于锻造水平。

表 3-5　SLM 成型钴铬合金试样室温拉伸力学性能

拉伸方向	抗拉强度/MPa	屈服强度/MPa	断裂延伸率/%
水平方向	1 142	1 465	7.6
垂直方向	1 002	1 428	10.5

　　图 3-15 所示为 SLM 成型钴铬合金试样室温拉伸断口形貌,从图中可以看到断面具有明显解理台阶,没有出现明显的韧窝,说明其塑性较差,宏观表现为 SLM 成型的试样其断裂延伸率差。

(a)水平方向形貌	(b)垂直方向形貌

▲图 3-15　SLM 成型钴铬合金试样室温拉伸断口形貌

六、选区激光熔化常见的设备机型

　　德国 EOS 公司是金属材料工业 3D 打印的全球技术领导者,生产了多种工业化选区激光熔化设备。目前市场销售的主力机型为 2014 年推出的 M290 型金属 3D 打印设备。EOS 公司于 2016 年发布了 M400-4 机型,该设备具有 4 个 400W 激光器以及 400 mm× 400 mm×400 mm 的最大成型尺寸,可以同时制造 4 个零件,大幅提升了生产效率。

　　德国 SLM Solutions 公司作为全球领先的工业级金属 3D 打印制造商,主要专注于开发、制造和销售 SLM 设备和集成系统解决方案,其主要的选区激光熔化设备包括 SLM 125、SLM 280、SLM 500、SLM 800,其中 SLM 280、SLM500 均可选配双激光,SLM 800 为四激光。

　　德国 Concept Laser 公司主要生产的 SLM 设备包括 M1 Cusing、M2 Cusing、X line 2000R 等,其中 X line 2000R 的最大成型尺寸为 800 mm×400 mm×500 mm,是世界上最大的采用选区激光熔化技术的金属 3D 打印机,X line 2000R 的核心是双激光系统,每个激光器功率高达 1 000 W。

英国雷尼绍 Renishaw 公司是增材制造系统制造商和解决方案供应商。其解决方案适用于多种行业的客户，从大型 OEM 到专业个人用户，包括金属增材制造系统、金属粉末、辅助设备、软件、专业咨询、培训和全球解决方案中心。由雷尼绍设计并制造的先进金属增材制造系统可满足注重耐用性、定制化零件和精度的各种行业应用需求。目前拥有 RenAM 和 AM 两个系列产品，主要产品有 RenAM 500Q 和 AM 250，其中 RenAM 500Q 也同样配有 4 个 500 W 激光器。

世界上其他一流的设备厂商如美国 3D Systems、美国 GE、德国 Trumpf、荷兰 Additive Industries 等公司也都具有领先的选区激光熔化设备。

国内早期研究选区激光熔化设备的高校主要有华南理工大学和华中科技大学，2012 年后国内有 50 多家高校和科研院所进入该领域。国内北京隆源自动成型系统有限公司、西安铂力特增材技术股份有限公司、湖南华曙高科技有限责任公司、广东汉邦激光科技有限公司、北京易加三维科技有限公司、武汉华科三维科技有限公司、上海探真激光技术有限公司等企业也纷纷推出商业化 SLM 设备。

目前，全球市场已经有不同规格的选区激光熔化工业化设备销售，并大量投入工程应用，解决了航空航天、生物医疗、汽车模具等领域的关键技术问题。国内外典型选区激光熔化设备见表 3-6、表 3-7。

表 3-6　国内选区激光熔化设备

品牌	型号	设备照片	成型尺寸/mm	激光器
北京隆源	AFS-M260		260×260×320	200/500 W，光纤
西安铂力特	BLT-S320		250×250×400	500 W×2，光纤
华曙高科	FS271		275×275×320	500 W，光纤

续表

品牌	型号	设备照片	成型尺寸/mm	激光器
广东汉邦	HBD-280	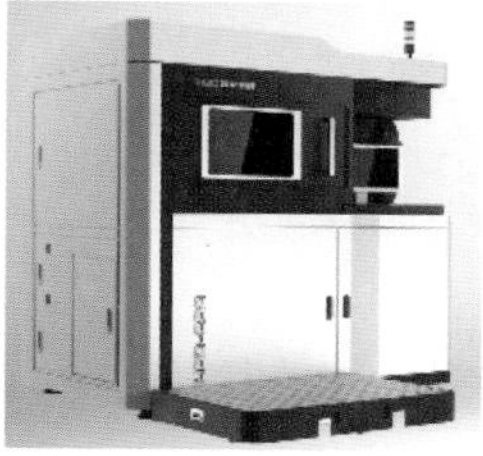	250×250×300	500 W,光纤
易加三维	EP-M250	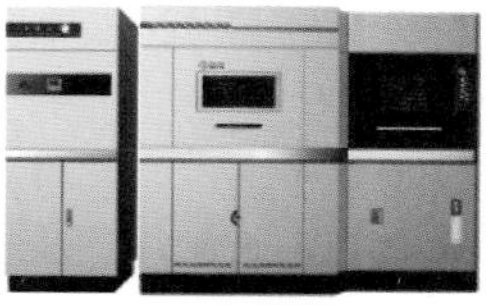	262×262×350	500 W(×2),光纤
上海探真	TZ-SLM300	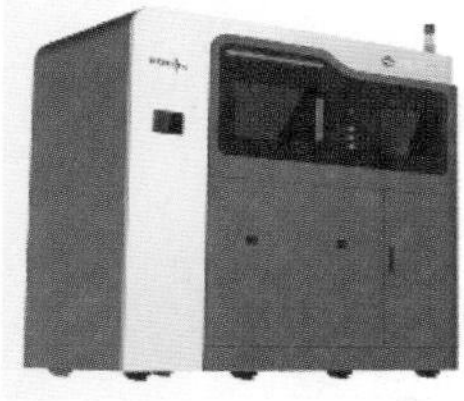	250×250×300	500 W,光纤

表3-7　国外选区激光熔化设备

品牌	型号	设备照片	成型尺寸/mm	激光器
EOS	EOS M 290		250×250×325	400 W,光纤
SLM Solutions	SLM 280 SLM 500		280×280×365 500×280×365	400 W/700 W(×2) 光纤

续表

品牌	型号	设备照片	成型尺寸/mm	激光器
Concept Laser	M 2 X-line 2000R		250×250×280 800×400×500	200 W×2（400 W） 光纤
3D Systems	ProX 300 DMP Flex 350		250×250×330 275×275×380	500 W 光纤
Renishaw	RenAM 500M		250×250×350	500 W（×2），光纤

七、选区激光熔化的应用领域

1. 汽车零件

选区激光熔化工艺拥有诸多优势，能够实现传统制造无法获得的轻量化设计。通过 SLM 成型技术实现轻量化设计的主要途径有两个方面：一是材料成分的优化设计；二是产品结构的优化设计。两者相辅相成以实现最终产品的轻量化制造。产品结构的优化设计主要是通过夹层结构、镂空晶格结构、拓扑优化等减重设计达到产品要求。

拓扑优化是缩短 3D 打印设计过程的重要手段，通过拓扑优化来确定和去除不影响零件刚性部分的材料，以达到减重的目的。如图 3-16 所示为基于 SLM 技术设计制造的钛合金刹车钳。这款刹车钳尺寸大小为 410 mm×210 mm×136 mm，是为世界超级跑车独家打造，SLM 成型比传统铝合金机加工件减重 2 kg。

如图 3-17 所示为采用铝合金 AlSi10Mg 选区激光熔化工艺成型的汽车软顶结构件，相比注塑成型的塑料支架，强度提高 10 倍且质量减轻 44%。该结构件基于 SLM 技术拓扑优化成型，通过紧密排列把每一块基板上的支架打印数量从 51 个提高到了 238 个。使用了 SLM 技术的软顶结构，呈"Z"字形结构折叠，折叠后可以在中置发动机跑车 88 升的后备厢上再创造 92 升的储物空间。

▲图 3-16　基于 SLM 技术设计制造钛合金刹车钳

（a）拓扑优化设计　　　　　　　　　　　（b）SLM成形后试装

▲图 3-17　汽车软顶结构

　　如图 3-18 所示为基于 SLM 技术设计制造的汽车复杂部件。图 3-18（a）为德西福格汽车零部件集团公司采用选区激光熔化技术研发出的汽车转向节,经过拓扑优化仿生设计,相比常规锻件减重 40%；图 3-18（b）为德国 FIT 增材制造集团公司成功研制的SLM 成型齿轮箱,相比传统工艺制造的零件减重 30%；图 3-18（c）为比利时邦奇动力公司成功试制的 SLM 成型 CVT 变速器的液压控制单元。

　　拓扑优化通过对零件材料再分配,可实现减重的功能最优化。拓扑优化后的异形结构经过仿真分析完成最终的建模,这些设计往往无法通过传统工艺加工,而通过选区激光熔化工艺可以实现。

2.航空航天零件

　　选区激光熔化工艺在航空发动机零部件制造方面也有重要应用。选区激光熔化工艺可实现多组件一体化打印,直接省去原始多个零件组合时存在的法兰连接和焊接过程,实现零件的最优化整体设计,如图 3-19 所示为美国 GE 公司利用选区激光熔化工艺制造的喷气式飞机专用发动机燃油喷嘴。

（a）汽车转向节

（b）齿轮箱

（c）CVT变速器的液压控制单元

▲ 图 3-18　基于 SLM 结构优化成型汽车零部件

▲ 图 3-19　飞机发动机的燃油喷嘴

这款飞机发动机燃油喷嘴经过十余年的探索和设计优化，将过去 20 个零件合成为一个整体，一次成型的燃油喷嘴比传统工艺制造的燃油喷嘴轻 25%，并提高 5 倍以上的使用寿命。这款燃油喷嘴通过增加复杂的内部冷却通道，改善了燃油喷嘴过热和积碳问题，同时降低油耗，提高效率，产生了巨大的经济效益。每台飞机发动机需要安装数十个燃油喷嘴。截至目前，GE 航空已累计生产了超过 40 000 个这样的燃油喷嘴。一体化结构的实现不仅带来轻量化的优势，减少了组装的需求，也为企业提升效益打开了可行性空间。

传统的航空航天构件加工生产周期长，在铣削过程中需要去除最高质量比 95% 的原材料。采用选区激光熔化成型航空金属零件可以极大地节约成本并提高生产效率，同时，其成型件相比传统铸造得到的零件具有更优的性能。德国 MTU 航空发动机公司在 2015 年通过 SLM 技术研发生产镍基高温合金管道内窥镜套筒，如图 3-20 所示，它是发动机涡轮机壳体的一部分，通过这个管道内窥镜可以让维修人员检查涡轮叶片的磨损和损坏程度。

在 MTU 公司使用 SLM 技术之前,这些套筒通常采用铸造和铣床加工的方式制造,成本昂贵而且周期长。MTU 公司技术总监表示,SLM 技术灵活性强,航空发动机结构中很多零部件将来都可以使用它来制造,如轴承座和涡轮翼面,而且部件都可以满足安全性和可靠性方面的最高要求。

▲图 3-20　发动机涡轮机壳体零件

如图 3-21 所示为采用 SLM 技术拓扑优化设计制造的航天转轴结构组件,如图 3-22 所示为美国 GE/Morris 公司采用选区激光熔化工艺制造的一系列复杂航空部件。

▲图 3-21　航天转轴结构组件

（a）航空发动机燃烧室

（b）航空发动机喷嘴

（c）薄壁散热器

（d）薄壁夹层喷嘴

▲图 3-22　复杂航空部件

3. 随形冷却模具

随形冷却的原理是在一个统一连续的方式下快速地降低塑件温度，直到注塑件充分冷却后，然后从模具中取出。任何热点都会延迟注塑件的注塑周期，可能会导致拆卸后注塑件的翘曲和下沉痕迹，损害组件表面的质量。选区激光熔化工艺几乎不受任何限制，可以使得随形冷却模具的设计和制造摆脱传统方法的限制，可以根据冷却要求设计不同的冷却回路，获得一致均匀的散热性，同时设计的内部通道更靠近模具的冷却表面，提升了热转移效率；此外成型的平滑角落提高了截面流量，从而缩短了模具冷却时间，大幅降低注塑产品生产周期。

选区激光熔化工艺逐层堆积成型，在制造复杂结构的模具时比传统交叉钻孔工艺具有明显优势，可实现复杂冷却流道成型。如图 3-23 所示为英国 Renishaw 公司为德国 Alfred Kärcher 公司（凯驰）设计改造的随形冷却模型，并通过 SLM 技术实现成功打印。英国 Renishaw 公司使用热成像技术检查了修改后的模具设计效果，确认模具壁的温度可降低 40 ℃至 70 ℃，冷却时间可从 22 秒缩短至 10 秒，减少了 55%。如图 3-24 所示为 Materialise 公司为法国著名玩具制造商 Smoby 优化的随形冷却流道，最终使得汽车模型上部材料减少 12%，下部材料减少 24%，同时缩短了 50% 生产周期。

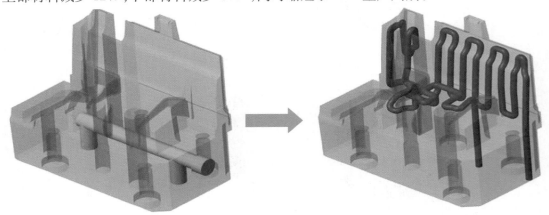

▲图 3-23　Renishaw 为 Alfred Kärcher 公司设计改造的部分随形冷却模型

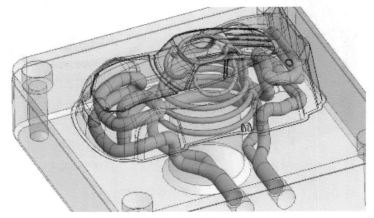

▲图 3-24　Materialise 为 Smoby 优化的模具

4.医学植入体

与传统工艺相比,金属3D打印技术更容易满足生物医疗器具在个性化定制方面的需求。选区激光熔化工艺能够成型复杂的镂空点阵结构,结构具有空间孔隙,便于人体肌体与植入体的组织融合且具有良好生物相容性,在个性化骨科植入器材中广泛应用,主要以关节类植入体和脊柱类植入体为主,如个性化髋臼杯植入体、个性化牙冠牙桥等,如图3-25所示。

（a）髋臼杯植入体

（b）牙冠牙桥

▲图3-25　SLM成型个性化植入体

据统计报道,目前国内临床应用的膝关节植入体绝大多数都进口自欧美国家,其植入体按照欧美人种数据设计,与中国人骨骼形态差异较大。临床应用中只能选取与患者骨骼最接近的植入体进行置换手术,容易造成匹配差异,从而导致患者术后承受痛苦的比例和返修率增加。为了满足个性化的需求,在选区激光熔化成型之前,利用断层扫描技术获取患者原始数据信息,然后经过三维重建并修复,获得最适合患者移植部位的模型数据,最后通过SLM成型,得到个性化定制的植入体。为了使得植入体能够更好地与人体组织相融合,需要选择合适的植入材料,目前主流的材料有钴铬合金、钛合金以及316L不锈钢,同时也需要设计多孔结构以利于骨细胞的渗透生长。

美国脊柱植入物制造商Nexxt Spine自2017年起利用选区激光熔化技术开发出具有更高附加值的脊柱植入物产品,如图3-26所示,这些3D打印植入物具有促进骨愈合

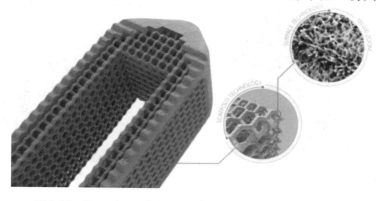

▲图3-26　Nexxt Spine公司SLM成型集成多孔结构3D打印支架

的复杂微观结构。Nexxt Spine 主要的产品为多孔钛脊柱融合植入物，产品表面的多孔结构由于具有更好的弹性模量匹配，在促进骨融合方面的优势明显。

随着现代医学的飞速发展，选区激光熔化工艺在个性化医疗辅助器材的应用逐年增加。传统骨科截骨手术操作都是由医生在手术中凭个人经验决定的，手术切除范围不能保证完全准确，手术过程中骨钻、骨刀等手术器械也难以准确定位，不仅增加了手术风险，而且可能给患者带来更大的痛苦和健康隐患。SLM 技术与逆向工程结合形成测量、设计和制造为一体的系统，可实现个性化医疗辅助器械的快速、准确制造，解决了传统手术不确定性、个体差异明显等问题，实现了良好定位和准确引导。不仅设计出与个体完全匹配的手术辅助器械，同时还可以在术前进行手术规划和预演，帮助医生更精确高效地完成手术。如图 3-27 所示为体外异体骨修整手术中的个性化模板设计、制造与应用。

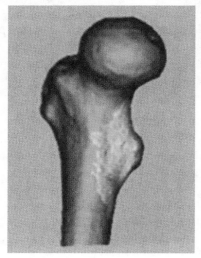

（a）CT数据三维重建

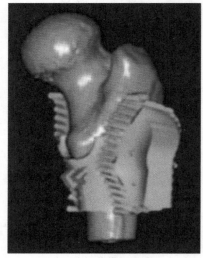

（b）个性化模板设计

（c）SLM成形模板试装

（d）临床应用

▲图 3-27　体外异体骨修整手术中的个性化模板的设计、制造与应用

想一想

1. 简述选区激光熔化技术的工艺原理和流程。

2. 影响选区激光熔化的因素有哪些？

3. 常用于选区激光熔化技术的金属材料有哪些？

4. 列举3个选区激光熔化的主要应用领域。

任务二 · 认识电子束熔融技术

学习提要

- ➕ 理解电子束熔融技术的概念和工艺原理；
- ➕ 了解电子束熔融技术的工艺特点；
- ➕ 熟悉电子束熔融技术的常用材料及其特性；
- ➕ 了解电子束熔融技术的应用领域；
- ➕ 了解国内外主要设备厂商。

学习内容

一、电子束熔融技术概述

电子束熔融（Electron Beam Melting，EBM）技术是20世纪90年代中期发展起来的一类新型的金属快速成型制造技术。与选区激光烧结和选区激光熔化工艺类似，它采用高能高速的电子束选择性地轰击金属粉末，从而使得粉末材料熔化成型。电子束熔融（EBM）技术经过深度研发，现已广泛应用于快速原型制作、快速制造、工装和生物医学工程等领域。

电子束熔融设备与选区激光熔化设备相比，结构比较简单，主要包括电子束枪、成型舱和控制单元三个部分。如图3-28所示为电子束熔融典型企业瑞典Arcam AB公司生产的A2X型号设备。

电子枪是设备的核心组成部分，它固定于设备内部，主要由电子束单元、灯丝、光学线圈构成。电子束热源在此处生成。电子从一个丝极发射出来，当该丝极加热到一定温度时，就会放射电子。电子在一个电场中被加速到光速的一半，然后由两个磁场对电子束进行控制。第一个磁场扮演电磁透镜的角色，负责将电子束聚焦到期望的直径，第二个磁场则将已聚焦的电子束转向到成型舱内工作台上所需的加工区域。

▲图 3-28　瑞典 Arcam 电子束熔融设备 A2X 结构示意图

成型舱主要由铺粉装置、升降台和隔热罩组成。铺粉装置由储粉舱、取粉器和刮刀组成，在设备打印过程中，取粉器将原材料金属粉末从储粉舱中输送到工作平面上，刮刀则将原材料粉末均匀铺展在升降工作台的电子束扫描成型区域。升降台是零件成型的工作区域。成型舱是零件最终成型的位置，打印结束后，从成型舱中能够获得最终零件。隔热罩是保护装置，在打印过程中，由于电子束能量高，高热量所产生的温度可达1 000 ℃以上，因此需要做好隔热保护。

控制单元主要负责设备在预处理过程、打印过程以及结束后的操作控制。

二、电子束熔融技术的成型原理

电子束熔融技术不需要二维运动部件，它利用电子束实时偏转，熔化铺在工作台面上的金属粉末，实现金属粉末的快速扫描成型。典型的电子束熔融技术的成型原理如图 3-29 所示。

具体成型原理如下：

①运用计算机辅助设计，在计算机上利用三维造型软件如 Pro/E、UG、CATIA 等设计出零件的三维实体模型。

②与选区激光熔化工艺相同，通过离散-堆积原理，根据工艺要求，利用切片软件将该三维模型按照一定的厚度切片分层，即将零件的三维形状信息转换成一系列二维轮廓信息，获得各截面的轮廓数据，由轮廓数据生成填充扫描路径。

③计算机逐层调入三维实体模型的路径信息，设备通过光学线圈控制电子束选择性熔化各粉层中对应区域的粉末，即成型零件在水平方向的二维截面，如此层层加工，直至整个三维零件实体制造完毕。

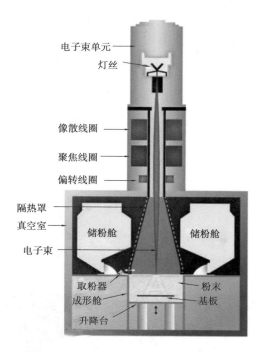

电子束单元
灯丝
像散线圈
聚焦线圈
偏转线圈
隔热罩
真空室
电子束
储粉舱
储粉舱
取粉器
成形舱
升降台
粉末
基板

▲图 3-29　电子束熔融成型工艺原理示意图

三、电子束熔融技术的工艺流程及参数

（1）电子束熔融技术的工艺流程

电子束熔融的基本工艺流程与选区激光熔化类似，主要包括原材料准备（粉末定制）、前期数据处理（包括原型设计、拓扑优化等）、电子束熔融成型、后处理以及产品应用认证五个环节。

①粉末定制：根据最终产品综合性能要求选择或者定制粉末材料。

②原型设计和拓扑优化：利用三维造型软件在计算机中生成零件的三维实体模型，将三维模型切片分层离散并规划扫描路径，得到可控电子束扫描的路径信息。

③电子束熔融成型：通过成型舱的铺粉装置，先在铺粉平面上铺展一层粉末；上位机的实时扫描信号经数模转换及功率放大后传递给偏转线圈，电子束在对应的偏转电压产生的磁场作用下偏转，按照截面轮廓的信息进行有选择的熔化，金属粉末在电子束的轰击下熔化在一起，并与上一层已成型的零件部分冶金结合。加工完后，成型舱下降一个切片层厚度，铺粉刮刀将金属粉末从取粉器处刮到台上，电子束将熔化新铺的粉层。重复上述过程，层层堆积，直至整个零件全部熔化完成，获得与三维实体模型相同的金属零件。

④后处理：通过电子束熔融获得的金属零件残余应力低，去除多余的粉末便得到所需的实体产品。但还需要进行后处理，主要包括表面处理、无损检测及三维扫描两个部分。表面处理包括去除零件支撑、数控机床精加工、打磨抛光、喷砂等工艺；无损检测及三维扫描主要是利用 X 射线对零件进行无破坏的全尺寸检测，在零件缺陷要求严格的情况下，还需要对零件进行热等静压处理，以减少或者消除零件内部缺陷，到达使用要

求，然后使用三维扫描仪进行尺寸检测确定是否达到产品要求。

⑤产品应用认证：通过模拟工作环境，产品循环使用寿命达到安全使用范围后，确定该零件制备成功。

（2）电子束熔融技术的工艺参数

电子束熔融在工艺参数方面与选区激光熔化差别较大，主要原因是热源改变，因此工艺参数有了较大变化，经过多年研究发现，对成型效果具有重要影响的主要工艺参数包括电子束功率、电子束光斑直径、扫描速度、铺粉厚度、扫描方式、真空度、支撑结构等。如图 3-30 所示为典型电子束熔融工艺示意图。

①电子束功率。

电子束是利用电子枪中阴极所产生的电子在阴阳极间的高压（25～300 kV）加速电场作用下被加速至很高的速度（0.3～0.7 倍光速），经透镜会聚作用后，形成密集的高速电子流，具有高能量密度。通过调节加速电压和会聚电流，可以改变电子束能量，即改变电子束产生的能够熔化金属粉末的功率，最高可达 3 000 W。

▲图 3-30　典型电子束熔融工艺示意图

②电子束光斑直径。

电子束轰击成型平台基板上所选择的区域，金属粉末会快速熔化形成微小的熔池，熔池大小受到光斑直径的影响。与激光束光斑相比（直径 20～120 μm），电子束光斑直径比较大，通常大于 100 μm，工业级设备光斑直径在 200 μm 至 1 000 μm 可调。相同电子束能量密度下，光斑直径越小，能量集中度越好，能够有效地熔化所选区域金属粉末，金属粉末快速熔化形成微小的熔池，获得致密的组织结构。因此，通过电子束熔融设备制备的零件外观粗糙度相对于选区激光熔化工艺要差，主要原因是光斑直径较大，影响零件精细程度。

③扫描速度。

扫描速度是指电子束光斑沿扫描轨迹运动的速度，单位 mm/s 或者 m/s，与激光束照射到成型基板平面所选择的区域不同,由于电子束的光斑是电磁控制,没有扫描振镜系统机械控制,所以光斑移动速度非常快。在成型工艺过程中,扫描速度最高达 8 000 mm/s,远超选区激光熔化工艺 1 000 mm/s 的扫描速度。

④扫描方式。

扫描方式即扫描策略,指电子束光斑的移动方式,与选区激光熔化不同,电子束主要的扫描策略为跳跃式扫描,也有轮廓边界扫描,如图 3-31 所示。图 3-31(a)为高温加工实体熔融状态图,图 3-32(b)为高位加工轮廓熔融图。

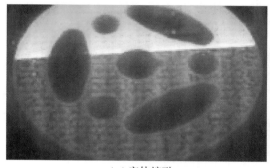

(a)实体熔融　　　　　　　　　　　　(b)轮廓熔融

▲图 3-31　典型电子束熔融高温成型工艺图

⑤铺粉厚度。

铺粉层厚指每次铺粉前工作台下降的高度,单位为 mm。根据不同的设备型号,可设置不同层厚,根据目前的设备制造工艺,电子束熔融工艺的层厚基本设置为 0.05 mm,有设备制造商因客户需求,将层厚增大至 0.1 mm,大层厚打印已经成为设备制造厂商追求的技术目标,以此获得更高的零件生产效率。

⑥真空度。

在整个加工周期内,真空系统提供的基础气压为 $1×10^{-3}$ Pa 或更小。加工过程中,加入氦气分压为 $2×10^{-1}$ Pa 以确保干净和可控的成型环境,同时能够保证加工材料的化学纯净度。

⑦支撑结构。

电子束熔融工艺也是一个热力学过程,存在应力和热变形问题,对于高熔点金属粉末材料,所有的弧形或者弓形零件都需要添加必要的支撑结构,因为整个加工周期处在真空高温的环境下,对于加工过程中的每层,电子束将粉末层整体加热至最佳加工温度(取决于使用的材料),因此生产出的零件残余应力低,材料性能优于铸造材料,与锻造材料性能相当。加工结束后,零件可以直接自由脱落,省去线切割工序。

四、电子束熔融技术的特点

电子束熔融技术的是金属3D打印的主流技术之一,生产过程中,EBM 和真空技术相结合,可获得高功率和良好的环境,从而确保材料性能优异。相比传统减材(切削加工)或者等材制造(锻造、铸造)工艺,电子束熔融技术具有以下几个特点:

①常用的成型材料一般为单一组分金属粉末,主要包括钛基、镍基、钴基合金粉末,

支持客户根据需求自主使用其他材料开发加工。

②减少废弃的副产品，成型材料能够回收，筛分后重复利用，可大幅降低生产成本。

③实现设计自由，电子束光斑大，主要制备医用和航空航天领域复杂结构的金属件。

④加工过程柔性化，无需刀具、模具，制造工序少，周期短。

与选区激光熔化技术相比，电子束熔融技术还具有以下优势：

①加工环境为高真空度、高温状态（能够达到1 100 ℃），获得的零件残余应力低，力学性能更好。

②光斑采用电磁控制，电子束功率的高效生成使电力消耗较低，而且扫描速度更快，相比激光扫描振镜系统更稳定，故障率低，安装和维护成本较低。

③电子束能量高，输出总功率更高。

④加工效率更快。由于电子束的转向不需要移动部件，所以既可提高扫描速度，又使所需的维护很少。其最大成型速度达到了3 500 cm³/h，较之其他金属快速成型技术，效率提高了数十倍。

⑤加工零件可自由脱落，无须进行线切割工序。

五、电子束熔融技术的常用材料及其特性

1. 常用金属材料分类

电子束熔融技术与选区激光熔化技术相似，可成型多种金属材料，由于还具有高真空保护，电子束能量利用率高和成型残余应力小等特点，该技术尤其适用于成型稀有难熔金属及脆性材料。目前，钛合金TC4、TA7、纯钛，钴基合金CoCrMo，不锈钢316 L，镍基高温合金In718、In625，以及TiAl、Ti2AlNb等金属间化合物的研究已较为成熟，正在开发的新型材料包括生物医用金属钽材料、MoSiB系金属间化合物、纳米颗粒增强复合材料等。随着技术的不断发展，电子束熔融技术能够通过测试并进行使用的材料会越来越广泛。

表3-8为典型电子束熔融技术使用合金粉末分类。

表3-8　典型电子束熔融技术使用合金粉末分类

合金系列	牌号	氧含量/ppm
钛基	TC4、TA7、纯钛	≤1 300
钴基	CoCr	≤500
铁基	316L、17-4PH、H13	≤500
镍基	GH4169（In718）、GH3625（In625）	≤300
铝基	6061	500～1 000
铜基	GRCop-84	≤500
金属间化合物及新型材料	TiAl、Ti2AlNb、MoSiB、Ta 等	

2. 常用粉末特性

与选区激光熔化技术相同，成型材料是电子束熔融技术发展的关键环节之一，它对

成型构件的物理、化学性能以及精度起着决定性作用。电子束熔融技术使用的材料是球形粉末,主要包括纯金属、合金以及金属基复合材料等。在成型过程中,金属粉末材料的特性对成型质量也有较大影响,因此电子束熔融技术对粉末材料的成分、含氧量、形貌、粒度分布等均有严格的要求。

(1)成分

电子束熔融技术使用金属粉体的化学成分严格按照国家或者国际标准要求,由于粉末的接触面积大,相比固体金属更容易吸收或吸附各种气体,因此需要严格控制 C、S、O、N 这几种非金属元素的含量。

(2)氧含量

氧含量对最终成型零件的性能有重要影响。电子束熔融技术能够保证成型舱处于高真空工作环境,所用金属粉体主要通过旋转电极法制得,是在惰性气体保护环境下制得的球形粉末,因此粉末材料纯度较高,氧含量能达到国家标准。针对不同种类的成型材料,其含氧量要求不同。一般的金属粉末,如镍基高温合金、不锈钢,含氧量要求在 500 ppm 以下,而相对活泼的金属,如钛基粉材和针对医疗行业的植入物,一般要求氧含量低于 1 300 ppm,才能制成高品质成型零件。

(3)粉末形貌

粉末颗粒形状是影响成型零件致密性的关键因素,因为它直接影响粉末的流动性,进而影响铺粉的均匀性。在多层加工过程中,如果铺粉不均匀,将导致每一层金属熔化区域不均匀,最终使得成型零件的内部组织不均匀,有些区域结构致密,而其周围区域存在较多缺陷,如孔隙、微裂纹。如图 3-32 所示为清研智束公司电子束熔融设备用金属粉末图。

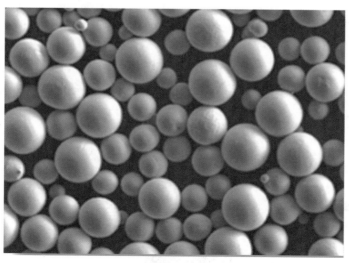

▲图 3-32　金属粉末显微形貌图

(4)粒度分布

与选区激光熔化相同,电子束熔融所需球形金属粉末的粒度范围呈现正态分布,在实际生产过程中,主要关注 D10、D50、D90 这三个数值。它们分别表示 10%、50% 和

90%的粉末材料；其直径都小于某一值（单位 μm）。根据电子束熔融设备需求，球形金属粉末粒径分布主要为：45～105μm。图3-33为天津清研智束公司的标准金属粉末粒径分布图。

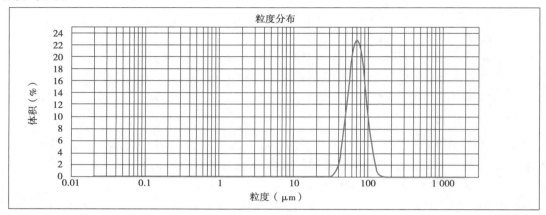

▲图3-33　粉末粒径分布图

六、电子束熔融技术的主要设备厂商

Arcam AB 成立于1997年，是瑞典上市公司，它是世界上第一家将电子束快速制造商业化的公司。公司总部和制造基地均位于瑞典摩恩达尔，在美国、意大利、中国和英国设有服务办公室。自创立以来，Arcam 一直初心不改，致力于彻底革新复杂零件的制造工艺。Arcam 公司提供完整的解决方案，包括电子束熔融金属3D打印设备、辅助设备、软件、金属粉末以及对客户的服务和培训支持。Arcam 在 EBM 技术方面申请的核心专利达25项以上，并从多个国家获得50项以上的专利转让。2016年，通用电气公司宣布收购 Arcam 公司，目前拥有 Spectra、Q 和 A 三个系列产品，主要产品有 Arcam EBM Spectra L、Spectra H、Q10plus、Q20plus 和 Arcam A2X。

2015年，依托清华大学天津高端装备研究院的天津清研智束科技有限公司成立，并于2017年起，率先推出商业化开源电子束熔融3D打印设备 Qbeam Lab，应用于航空航天、船舶、工业制造等领域。目前公司拥有的主要设备有 Qbeam Lab200、Qbeam Med200、Qbeam Aero350。

国内外典型电子束熔融设备见表3-9。

表3-9　国内外典型电子束熔融设备

品牌	型号	设备照片	成型尺寸/mm	电子束功率
Arcam	Spectra L		Φ350×430	50～3 000 W（连续可调）

续表

品牌	型号	设备照片	成型尺寸/mm	电子束功率
Arcam	Q20plus		Φ350×380	50～3 000 W（连续可调）
	A2X		200×200×380	50～3 000 W（连续可调）
天津清研智束	Qbeam Lab200		200×200×240	50～3 000 W（连续可调）
	Qbeam Med200		200×200×240	50～3 000 W（连续可调）
	Qbeam Aero350		350×350×400	50～3 000 W（连续可调）

七、电子束熔融的应用领域

电子束熔融技术可成型几乎所有金属及金属间化合物等材料,可精确成型多孔复杂结构,在生物医疗、航空航天、汽车制造等领域有广泛应用。

1. 生物医疗

由于钛合金粉末在真空中熔融并成型，可以避免在空气中熔融所带来的氧化缺陷等质量问题，因此电子束熔融成型工艺在医疗植入、医疗修复和整形方向具有独特优势。在实际应用中，通过 CT 或 MRI 数据进行 CAD 三维逆向建模，然后进行植入物设计并进行有限元分析和力学性能验证，最后导入电子束熔融成型设备，在计算机辅助设计下精确扫描成型即可获得个性化定制医疗产品（如钛膝关节、髋关节等）。

北京爱康医疗集团于 2015 年 8 月获得国内首个 3D 打印髋关节系统的药品监督管理局（NMPA）注册证，2016 年 5 月获得 3D 打印人工脊柱系统上市许可，开辟了国内脊柱 3D 打印应用的历史先河。2021 年初，该集团又获批国内首个金属 3D 打印全膝关节系统，再次填补了国内在膝关节领域的空白。图 3-34 和图 3-35 所示为爱康医疗典型产品。

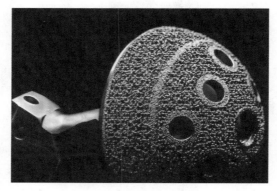

▲图 3-34　爱康医疗电子束熔融成型髋臼杯产品

▲图 3-35　爱康医疗电子束熔融成型脊椎产品

国内电子束熔融技术在金属 3D 打印医疗领域应用较多的还有上海交通大学附属第九人民医院，春立医疗等，他们在定制个性化人工关节假体等假体方面都成功完成了诸多案例。如图 3-36 所示为春立医疗个性化定制肩关节假体，假体表面为仿生骨小梁结构，更接近人体骨小梁结构，有利于骨长入，电子束熔融工艺让假体定制"量体裁衣"，一对一设计生产，匹配度非常高。如图 3-37 所示为春立医疗个性化定制标准膝关节假体，高摩擦系数提供植入物良好的初始稳定性，同时，根据骨缺损情况选用不同型号的组件，可以避免优良骨质的过度去除。

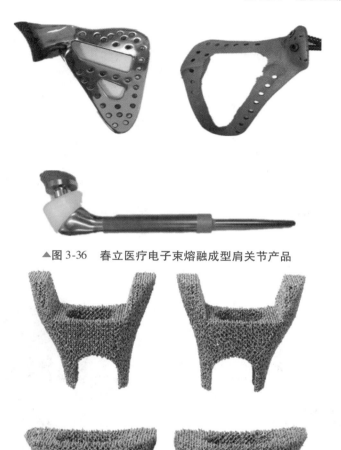

▲图 3-36　春立医疗电子束熔融成型肩关节产品

▲图 3-37　春立医疗电子束熔融成型膝关节产品

如图 3-38 所示为春立医疗个性化定制标准股骨垫块,该垫块采用钛合金材质制造,这种表面仿生骨小梁结构垫块,其网状结构在内部互相连接形成的蜂窝状构造使得骨质能够快速、牢靠地长入。提供厚度为 5 mm、10 mm 的胫骨半垫块和 16 度的胫骨楔形半垫块以及 7 度的胫骨楔形全垫块涵盖大部分骨缺损的填补需要。

▲图 3-38　春立医疗电子束熔融成型膝关节产品

2. 航空航天

从 2012 年开始，主要的发动机生产商已经开始使用 EBM 技术批量生产各种零部件，并于 2014 年正式装机应用。目前应用最广泛的产品包括涡轮机叶片、飞机起落架零件、火箭发动机叶轮以及其他航天零件等。

▲图 3-39　涡轮机叶片

如图 3-39 所示为电子束熔融涡轮机叶片，涡轮叶片使用先进的航空航天材料钛铝制造。这种材料比常用于低压涡轮叶片的镍基合金轻 50% 左右。

电子束熔融能够制造出比激光打印厚 4 倍以上的涡轮叶片。

如图 3-40 和图 3-41 所示，分别是通过电子束熔融技术制备的飞机起落架组件和火箭发动机叶轮。通过该工艺制备的零件具有高强度的特性，同时良好的热环境保证了部件的形状稳定性和低残余应力，能够长期服役。

▲图 3-40　飞机起落架组成构件

▲图 3-41　火箭发动机叶轮

3. 汽车制造

如图 3-42 所示为某汽车悬挂系统的组成部件，通过电子束熔融技术，采用钛合金 TC4 一体化制作而成。如图 3-43 所示为汽轮机压缩机承重体，重 3.5 kg，采用电子束熔融工艺，经过 30 小时打印成型。

▲图 3-42　汽车悬挂构件

▲图 3-43　汽轮机压缩机承重体

想一想

1. 简述电子束熔融技术的工艺原理和流程。

2. 常用于电子束熔融技术的金属材料有哪些?

3. 列举电子束熔融技术的典型应用案例。

任务三 · 认识同轴送粉 3D 打印

学习提要

➕ 掌握同轴送粉 3D 打印技术的原理及特点;

➕ 熟悉同轴送粉 3D 打印技术工艺流程及典型应用。

学习内容

在 3D 打印行业中,金属同轴送粉 3D 打印工艺由于研究单位和机构的不同,又可被称为激光直接制造技术(DLF)、激光熔化沉积(LMD)、直接金属沉积(DMD)、激光近净成型技术(LENS)、激光快速成型(LRF)、直接能量沉积(DED)等,但其原理本质上是相同的,本书中将其称为同轴送粉 3D 打印技术。

同轴送粉 3D 打印技术开始于 20 世纪 80 年代末,是指以激光为热源,采用快速成型制造技术生产金属功能模型和零件的技术。

一、同轴送粉 3D 打印技术的工艺原理及特点

1. 工艺原理

同轴送粉 3D 打印技术以"离散—堆积""添加式制造"的成型原理为基础,利用分层叠加的原理来制造金属零件,采用累积的方式产生特定形状的零件。首先在计算机中建立最终功能零件的三维 CAD 模型或利用现有模型,然后将该模型在模型处理软件中按一定的厚度分层切片,即将零件的三维数据信息转换为一系列的二维轮廓几何信息、层面几何信息,融合成型参数生成扫描路径数控代码,模型建立与处理过程与前述 SLS、SLM 技术相类似,激光器产生的激光通过光纤传导到加工头,金属粉末由送粉器通过氩气载送到加工头,与激光的聚焦点重合,高功率激光熔融金属粉末,数控机床带动加工头运动,按照预设轨迹逐层沉积,打印出当前层,层层叠加,直至整个零件成型结束,最终形成三维实体零件或仅需进行少量加工的近形件。为防止金属在成型的过程中氧化,

设备安放在填充惰性气体的密封箱体中,使激光成型过程中的金属不被氧化。同轴送粉 3D 打印技术的原理如图 3-44 所示。

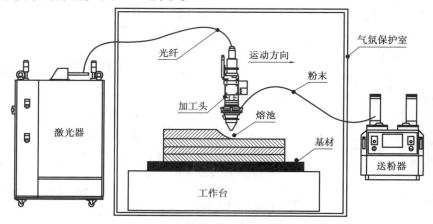

▲图 3-44 同轴送粉 3D 打印技术原理图

2. 工艺优势

同轴送粉 3D 打印技术具有无模具、短周期、低成本、高性能及快速响应等特点,因此具有以下几大优势:

①柔性化程度高,能够实现多品种、变批量零件加工的快速转换。

②生产全过程简化为零件的计算机设计、激光立体成型和少量后期处理 3 步,省去了设计和加工模具的时间和费用,产品研制周期短、加工速度快。

③全部设计在计算机中完成,实际的制造过程也在计算机控制下进行,真正实现制造的数字化、智能化和无纸化。

④能够在制造过程中根据零件的实际使用需要改变其各部分的成分和组织,实现零件各部分材质和性能的最佳搭配,生产梯度材料零件。

⑤实现无模具最终成型,极大节省材料,降低成本。

⑥高能激光产生的快速熔化和凝固过程使材料具有优越的组织和性能。

⑦产品的复杂程度对加工难度影响很小,甚至可以加工出具有复杂内腔的零件。

3. 工艺流程

同轴送粉 3D 打印的流程是首先对打印产品进行三维建模得到三维模型,然后通过扫描切片分层软件对三维模型做切片处理,得到模型的分层信息和数据,接着将分层信息和数据导入打印设备,通过设备设定的激光功率、送粉速率、层厚、扫描策略等打印工艺参数进行打印成型,最后通过线切割、抛光、机械加工等后处理得到最终产品。以金属叶片为例说明同轴送粉 3D 打印的工艺流程,如图 3-45 所示。同轴送粉 3D 打印过程如图 3-46 所示。

4. 技术特点

①材料使用范围广,可使用不锈钢、钛、镍、钴铬合金等金属粉末进行打印。

②可打印大型结构件,成型效率大于 1 kg/h(铁基粉末)。

③可进行激光熔覆和激光打印等多种加工工艺,真正实现一机多用。

④粉末利用率高,可减少贵重金属粉末的消耗。

⑤加工过程全自动化,工作状态实时监测,实现无人化生产。

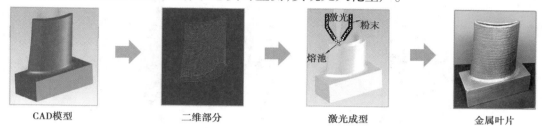

CAD模型　　　　二维部分　　　　激光成型　　　　金属叶片

▲图3-45　3D打印金属叶片工艺流程图

▲图3-46　同轴送粉3D打印过程

5. 关键技术

（1）激光器

激光器是同轴送粉3D打印的热源,同轴送粉3D打印技术采用的激光器种类主要有CO_2激光器、Nd:YAG激光器和半导体激光器3种,功率范围可从几百瓦到几十千瓦。CO_2激光器出现较早,工业上应用广泛,是当前使用较多的一种激光器;Nd:YAG激光器的优点在于:激光光束可用光纤传输,明显提高了柔性,Nd:YAG激光波长较CO_2短,能量的反射损失少,零件变形小,工艺稳定性高;与CO_2激光器和Nd:YAG激光器相比,半导体激光器在功率、光能吸收率、光电转换效率及运行成本上有明显的优势,也是发展应用的趋势。

半导体激光器拥有的下列特性可最大程度提高经济效益:高至45%的光电转化效率;低投资及运转费用;高度的稳定性及可靠性;高度的紧凑性及移动性;易与生产设备整合;光束质量极佳;低维护结构;友好的使用/操作界面;通过创新的、有效的冷却技术达到最大的输出功率及稳定性。目前主要的光纤耦合半导体激光器(见图3-47)品牌有IPG、Laserline、通快等。

▲图 3-47　常用光纤耦合半导体激光器

大功率光纤耦合半导体激光加工系统与 CO_2 激光系统对比见表 3-10。

表 3-10　大功率光纤耦合半导体激光加工系统与 CO_2 激光系统对比

激光器	二氧化碳激光成套设备	大功率光纤耦合半导体激光加工系统
国外激光器	<20 kW	<50 kW
国内激光器	<10 kW	<2.5 kW
波长	10.6 μm	1.06 μm
电光效率	8% ~10%	25% ~40%
光束参数	>100 mm·mrad	1~20 mm·mrad
工作气体	CO_2,N_2,He(Ar)	无
加工柔性	不便移动	便于移动
激光器厂家	Coherent、Trumpf、Rofin-Sinar	IPG、SPI、Laserline

在传统的覆层及涂覆工艺中,常常需要很高的热量输入,同时存在晶体生长或覆层材料与基体材料覆着不牢的缺点。相较传统技术,二极管激光通过低热量输入达到高品质的覆层。与其他类型激光相比,二极管激光具有良好的经济效益以及极强的稳定性。半导体激光器用于熔覆具有以下优点:涂覆热量输入低;微观结构均匀,附着性极好;工艺稳定性高;稳定简易的自动化工艺;产品质量可靠稳定。

（2）同轴送粉装置及回收装置

为了使熔覆层在各个方向均保持相同的精度和性能,LENS 过程中必须采用同轴送粉方式。同轴送粉装置主要由送粉器、同轴送粉喷嘴以及传送管路组成。在激光直接制造过程中,未被利用的金属粉末散落在沉积基体的表面及附近,为了使激光"堆积"过程能继续正常进行,必须通过回收装置对这些粉末进行清理和回收,以便循环再利用。光学头及送粉头除同轴送粉头外,还有旁轴送粉头、内控头、淬火头等,如图 3-48 所示。

送粉器采用双料仓负压式送粉器,采用载气式送粉结构,可以实现长距离的粉末输送,是实施激光加工的辅助设备,可实现激光加工的同步送粉,能满足三维激光熔覆和激光快速成型工艺的要求。

（a）同轴送粉头　　　（b）旁轴送粉头　　　（c）内孔熔覆头　　（d）激光淬火头

▲图3-48　主要应用的光学头及送粉头

（3）气体保护单元

由于激光直接制造是在高温下进行，在制造过程中，金属材料的防氧化保护至关重要，因此金属材料必须在有惰性气体充分保护下进行激光直接制造。一般将氮气或氩气作为工作室中的保护气体。净化除尘系统包括气体循环净化、除尘及再生等系统，清除密封加工室内的氧和水，以及加工时产生的烟尘，实现密封工作箱内惰性气体循环，保护激光加工过程中材料清洁和不被氧化。

（4）中央控制系统及工艺软件

中央控制系统集中控制光纤激光器系统、冷水机组、五轴机床数控系统、惰性气体净化除尘系统、送粉系统、温度控制系统、实时监控系统、安全报警系统等，用于控制机械运动工作台的联动以及激光直接制造的其他工艺因素。

工艺软件主要对三维模型进行切片、路径规划等处理，并将加工参数信息整合到数控文件中去，最后通过3D打印设备完成整个零件的打印制造，并对整个加工过程的关键参数进行监控，保证零件的加工质量。

二、同轴送粉3D打印技术的常用材料

1. 自熔性合金粉末

自熔性合金粉末可分为镍基自熔合金、钴基自熔合金、铁基自熔合金，其主要特点是含有硼和硅，因而具有自我脱氧和造渣的性能，即自熔性。其中，以镍基材料应用最多，与钴基材料相比，其价格更便宜。

2. 碳化物复合粉末

碳化物复合粉末是由碳化物硬质相与金属或合金作为黏结相所共同组成的粉末体系。粉末中的黏结相能在一定程度上使材料免受氧化和分解，特别是经预合金化的碳化物复合粉末，能获得具有硬质合金性能的涂层。

3. 自黏结复合粉末

自黏结复合粉末是指在热喷涂过程中，由于粉末产生的放热反应能使涂层与基体表面形成良好结合的一类热喷涂材料，其最大的特点是具有工作粉和打底粉的双重功能。

三、同轴送粉 3D 打印技术的主要应用

同轴送粉 3D 打印技术主要可用于多金属材料复合工件的加工制造和复杂大型工件的直接成型制造，以及矿山机械、石油、化工、电力、冶金、铁路、汽车、船舶、航空、机床、医疗器械、制药、印刷、包装、模具等行业的零部件及工具的表面强化、残损零件和工具的改造和修复。

▲图 3-49　打印航空叶片

在航空航天领域，用于直接打印成型金属零部件，减少备件加工的等待时间，大幅提高飞机的可用性和战备完好性，降低寿命周期成本，并通过维修和实时制造保持好的使用可用度。同时通过缩短新型航天装备的研发周期，提高材料利用率，节约昂贵的战略材料，降低成本；通过优化零件结构，减轻质量，减少应力集中，增加使用寿命。3D 打印航空叶片如图 3-49 所示。

在模具制造行业，传统的模具设计受到制造技术制约，一些拓扑优化的设计由于结构复杂而无法实现，送粉 3D 打印的模具带有复杂的形状，比传统方式铸造的模具，机械性能大幅提升，制作周期缩短和材料成本大幅降低。

送粉 3D 打印技术的原理与激光熔覆技术的原理类似，因此，送粉 3D 打印设备能同时用作激光熔覆设备进行表面处理和修复工作。

四、同轴送粉 3D 打印技术的设备

1. 同轴送粉 3D 打印技术设备的系统组成

同轴送粉 3D 打印设备布局图如图 3-50 所示，同轴送粉 3D 打印设备由激光器、气体循环净化系统、气路柜、电气柜、五轴四联动机床（三轴机床+双轴变位机）、控制面板、水冷机、气站、送粉器、密封箱体等组成，同时还需配置控制系统和工艺软件等，以及稳压电源、防爆型真空吸尘器等配套设备。同轴送粉 3D 打印系统采用光纤耦合半导体激光器作为能量源，光纤传导作为外光路传导系统，送粉器为激光增材制造提供粉末。采用刚性密封箱体结构作为惰性气体加工室，五轴数控机床安装于加工室内。通过除尘系统、气体净化系统实现工作舱室内的气体净化，通过氩气置换的方式将箱内氧含量降至 50 ppm，然后启动气体循环净化系统，进一步降低箱内气体的氧含量、水含量，直至将氧含量、水含量分别降至小于 50 ppm。氧、水含量可通过工艺监控系统集成的氧分析仪和水分析仪进行检测。冷却系统负责在零件加工过程中为设备提供必要部位的冷却。整机控制系统负责控制各子系统间的高度自动化协同工作，包括加工机床的运动、箱体水氧含量的控制、箱体压力稳定控制、激光器和水冷机与机床的联动工作、安全报警信号的

处理、CCD 监控系统。该设备为机床型激光增材制造系统,可实现同轴送粉式激光增材制造、激光熔覆、多材料增材制造、激光再制造等功能。

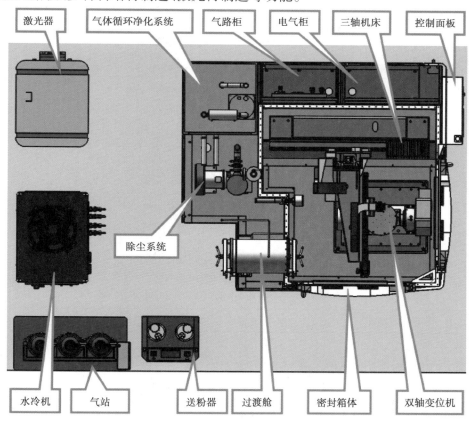

▲图 3-50　同轴送粉 3D 打印设备布局图

2. 同轴送粉 3D 打印技术的典型设备

　　南京中科煜宸激光技术有限公司在大型送粉式金属 3D 打印技术方面处于国际领先水平,下面介绍该公司生产的 LDM8060 型号设备,该设备外观如图 3-51 所示。该设备详细技术参数见表 3-11。

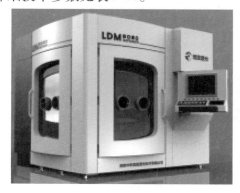
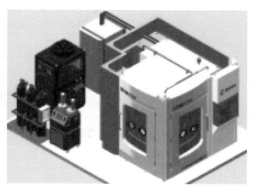

▲图 3-51　LDM8060 型设备效果图

表 3-11   LDM8060 技术参数表

项目	RC-LDM8060
成型尺寸	800 mm×600 mm×900 mm
X/Y/Z 轴定位精度	±0.08 mm/m
重复定位精度	±0.05 mm/m
工作台	800 mm×600 mm
工作台承重	≤500 kg
最大打印速度	5 m/min
工作气体	氩气、氮气
工作压力	3～5 mbar
氧、水含量	≤50 ppm
激光器类型	光纤激光器/半导体激光器
激光机功率	2～15 kW
适用材料	钛合金、铝合金、镍基合金、铁基合金、模具钢、不锈钢、铜合金、低合金钢等
可实现功能	支持五轴联动，实现送粉 3D 打印、再制造修复

表 3-12 所示为该 LDM8060 激光器设备详细配置。

表 3-12   LDM8060 设备主要配置表

序号	名 称		型号及参数	数量	制造厂家
1	激光系统	激光器	LDF3000-100	1 套	laserline
		传输光纤	1 根 20 m，芯径 1 000 μm	1 根	
2	水冷系统	水冷机	TFLW-3000WDR-03Z1-3385	1 台	同飞
3	加工头	熔覆头	RC52	1 套	中科煜宸
4	五轴四联动机床	行程范围	800 mm×600 mm×900 mm	1 套	中科煜宸
		双轴转台幅面	φ350 mm	1 套	
		平面工作台幅面	1 000 mm×800 mm	1 套	
		数控系统	MTX micro	1 套	力士乐
5	惰性气体密封箱体		约 2 000 mm×1 900 mm×2 200 mm	1 套	中科煜宸
6	气体循环净化系统		HP2000	1 套	中科煜宸
7	送粉器		RC-PGF-D-2	1 台	中科煜宸
8	快速成型软件		RC-CAM	1 套	中科煜宸
9	稳压电源		SBW-80	1 台	稳峰

续表

序号	名 称		型号及参数	数量	制造厂家
10	防爆型真空吸尘器		TEX3-E 1.2KW IB 9L	1 台	拓博
11	附件	保护镜片	50#	5 片	中科煜宸
		激光防护眼镜	YG3	2 副	
		工装夹具	T 型螺栓/螺母若干	1 套	
		工具箱	世达 33 件组 09551	1 套	

　　该设备关键部件激光器选用德国 Laserliner 公司 3 000 W 光纤耦合半导体激光器，型号 LDF 3000-100。Laserline 半导体激光器结合了先进的半导体激光元器件，如电源和制冷器，其体积小巧，可根据需要轻松移动。其具有 45% 的光电转换效率，以及连续运行下的高功率稳定性，成为淬火、熔覆、钎焊及金属焊接等工业应用的首选。在高功率下，适用于大面积的熔覆和热处理工作；在中等功率下，适用于金属焊接、铜焊等。Laserline 激光器采用模块化设计，可以根据客户的需要进行系统定制。

　　该设备的连接示意图如图 3-52 所示。

稳压电源　　　　　水冷机　　　　　激光器　　　　　送粉器

气体净化加工室　　　五轴四联动机床　　　熔覆头

气站　　　　成型软件　　　数控系统　　　整机控制及监视系统

▲图 3-52　设备连接示意图

控制系统集中控制光纤激光器系统、冷水机组、五轴机床数控系统、惰性气体净化除尘系统、送粉系统、温度控制系统、实时监控系统、安全报警系统等。

CNC 控制系统采用力士乐 MTX micro 数控系统，它由一个控制面板、带数控系统的紧凑型多轴控制器以及集成式 PLC 构成。

MTX micro 开发针对激光打印专用的功能模块，可以便捷地直接通过 MTX micro 系统控制程序和面板功能按钮对激光器进行控制。

系统配置华北工控机为上位机，允许集成第三方应用软件。上位机可与数控系统进行远程通信、监控，传输程序或在线加工。

数控系统通过 I/O 点，接入箱体温度、压力报警等监视信号。控制原理如图 3-53 所示。

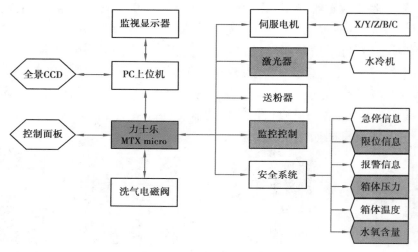

▲图 3-53　控制原理

想一想

1. 同轴送粉 3D 打印技术可以在哪些行业实现应用？

2. 同轴送粉 3D 打印技术能够为传统机械行业的生产流程带来什么改变？

任务四 · 认识激光熔覆技术

学习提要

➕ 掌握激光熔覆技术的原理、特点、优势、工艺流程、使用材料；

➕ 了解激光熔覆设备的系统组成及各部分的功能；

➕ 熟悉激光熔覆技术的主要应用领域及典型应用案例。

再制造（Remanufacture）就是让旧的机器设备重新焕发生命活力的过程。它以旧的机器设备为毛坯（Core），采用专门的工艺和技术，在原有制造的基础上进行一次新的制造，而且重新制造出来的产品无论是性能还是质量都不亚于原先的新品。

传统的"开采—冶炼—制造—废弃"的线性增长模式，造成了资源的浪费和废气的排放；而"资源—产品—废弃物—再生资源"的循环经济模式，是贯彻《国家中长期科学和技术发展规划纲要（2006—2020年）》明确指出的"绿色制造"的具体体现。

激光熔覆技术可广泛应用于零部件及工具的表面强化、残损零件和工具的改造和修复。

一、激光熔覆技术的工艺原理及特点

1. 工艺原理

激光熔覆是指以不同的添料方式在被熔覆基体表面上放置被选择的涂层材料经激光辐照使之和基体表面一薄层同时熔化，并快速凝固后形成稀释度极低，与基体冶金结合的表面涂层，显著改善基层表面的耐磨、耐蚀、耐热、抗氧化及电气特性的工艺方法，从而达到表面改性或修复的目的，既满足了对材料表面特定性能的要求，又节约了大量的贵重元素。图3-54所示为激光熔覆系统示意图，激光熔覆系统均由国外进口的大功率光纤耦合半导体激光器（IPG、Laserline、通快等公司生产的）、多轴联动机械手臂（KUKA、ABB等公司生产的）、多功能多自由度的工装和操作平台、同步金属粉末传递装置、保护气送气、排气、监控和安全门等组成。

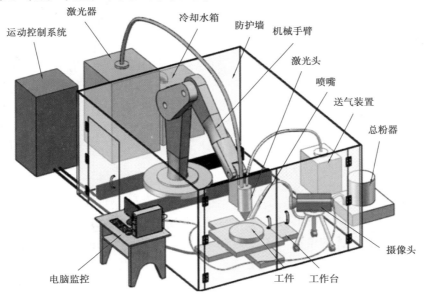

▲ 图 3-54　激光熔覆系统示意图

在整个激光熔覆过程中，激光、粉末、基材三者之间存在着相互作用关系，即激光与粉末、激光与基材以及粉末与基材的相互作用。

①激光与粉末的相互作用：当激光束穿越粉末时，部分能量被粉末吸收，致使到达基材表面的能量衰减；而粉末由于受到激光的加热作用，在进入金属熔池之前，形态发生改变，依据所吸收能量的多少，粉末形态有熔化态、半熔化态和未熔相变态3种。

②激光与基材的相互作用：使基材熔化产生熔池的热量来自激光与粉末作用衰减之后的能量，该能量的大小决定了基材熔深，进而对熔覆层的稀释产生影响。

③粉末与基材的相互作用：合金粉末在喷出送粉口之后在载气流力学因素的扰动下产生发散，导致部分粉末未进入基材金属熔池，而是被束流冲击到未熔基材上发生飞溅。这是激光熔覆送粉粉末利用率较低的一个重要原因。

2. 工艺特点

与堆焊、喷涂、电镀和气相沉积相比，激光熔覆具有稀释度小、组织致密、覆层与基体结合好、应用材料范围广、粒度及含量变化大等特点，因此激光熔覆技术应用前景十分广阔。激光熔覆技术主要有以下特点：

①激光熔覆层与基体为冶金结合，结合强度不低于原基体材料的95%，强化效果好，熔覆层密度高，硬度、耐磨性和防腐性同时获得提高。

②对基材的热影响较小，引起的变形也小。激光加工过程中，激光束能量密度高，加工速度快，并且是局部加工，对非激光照射部位没有或影响极小。因此，其热影响的区域小，工件热变形小后续加工量最小。

③使用材料范围广泛，如镍基、钴基、铁基合金、碳化物复合材料等，可满足不同用途要求，兼顾内部性能与表面特性。

④熔覆层及其界面组织致密，晶粒细小，无孔洞，无夹杂裂纹等缺陷。

⑤可对局部磨损或损伤的大型设备贵重零部件、模具进行修复，达到甚至超过母材的机械性能，延长使用寿命，应用广泛，灵活性高，可适应各种复杂形状。

⑥对损坏零部件，可实现高质量、快速修复，减少因故障产生的停机时间，降低设备维护成本。

⑦环境污染小，没有废液废气排出；自动化程度高，加工系统可设计成全程计算机自动控制。

⑧激光加工是无接触加工，对工件无直接冲击，因此无机械变形；激光加工过程中无"刀具"磨损，无"切削力"作用于工件。

3. 工艺流程

激光熔覆的工艺流程如图3-55所示，对熔覆零件进行除油、除锈、去除疲劳层等处理后，按照控制系统设置的熔覆工艺参数在熔覆系统中进行激光熔覆，熔覆后的零件经过检验、机加工、检验出厂等工序后，完成整个激光熔覆过程。

4. 技术对比

从当前激光熔覆的应用情况来看，其主要应用于两个方面：一是对材料的表面改性，如燃汽轮机叶片、轧辊、齿轮等零部件；二是对损伤产品的表面修复，如转子、模具等。

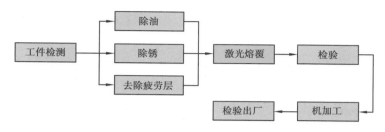

▲图 3-55　激光熔覆工艺过程图

有关资料表明,修复后的部件强度可为原强度的90%以上,其修复费用不到生产新品价格的1/5,更重要的是缩短了维修时间,解决了大型企业重大成套设备连续可靠运行所必须解决的转动部件快速抢修难题。另外,对关键部件表面通过激光熔覆超耐磨抗蚀合金,可以在零部件表面不变形的情况下大大提高零部件的使用寿命,对模具表面进行激光熔覆处理,不仅提高模具强度,还可以降低2/3的制造成本,缩短4/5的制造周期,应用前景十分广阔。激光熔覆与传统表面修复技术的对比见表3-13。

表 3-13　激光熔覆技术与传统表面修复技术对比

技术参数	激光熔覆	等离子喷涂	电镀	电刷镀	堆焊
涂层厚度	0.1~10 mm	0.1~0.5 mm	0.03~0.06 mm	20~150 μm	0.1~n mm
工件变形量	很小	很小	无	无	大
结合方式	冶金结合	冶金+机械	机械结合	金属键	冶金结合
结合强度	高	较低	低	低	高
工艺灵活性	好	较差	较差	好	较好
涂层质量	致密	有孔隙	有孔隙	致密	致密
涂层硬度	可设计	可设计	可选择	可选择	可选择
耐磨性	好	一般	一般	一般	一般
耐腐性	好	较好	一般	好	好
耐高温	好	好	一般	一般	好
环境污染	无	微弱	较重	微弱	微弱
自动化程度	高	高	低	低	中等

从表3-12可以看出用激光熔覆技术进行表面修复的工件变形量小、结合强度高、形成的涂层致密、无环境污染,同时其他各方面性能均优于等离子喷涂、电镀、电刷镀、堆焊等传统表面修复技术。

5. 粉末供给方式

激光熔覆按熔覆材料的供给方式大概可分为两大类,即预置式激光熔覆和同步式激光熔覆。

预置式激光熔覆是将熔覆材料事先置于基材表面的熔覆部位,然后采用激光束辐照扫描熔化,熔覆材料以粉、丝、板的形式加入,其中以粉末的形式最为常用。预置式激光熔覆的主要工艺流程为：基材熔覆表面预处理→预置熔覆材料→预热→激光熔覆→后热处理→机械加工。

同步式激光熔覆则是将熔覆材料直接送入激光束中，使供料和熔覆同时完成。熔覆材料主要以粉末的形式送入，有的也采用线材或板材进行同步送料。同步式激光熔覆的主要工艺流程为：基材熔覆表面预处理→送料激光熔覆→后热处理→机械加工。

同步式激光熔覆的送粉装置主要是同轴送粉装置，包含送粉器（见图3-56）、管路、光学头、送粉头，同轴送粉熔覆头如图3-57所示。

▲图3-56　送粉器

▲图3-57　同轴送粉熔覆头

送粉器多采用双料仓负压式送粉器，采用载气式送粉结构，可以实现长距离的粉末输送，是实施激光加工的辅助设备，可实现激光加工的同步送粉。同轴送粉熔覆头包括准直模块、聚焦模块、连接法兰、保护镜模块、同轴四路送粉模块，准直模块和聚焦模块对光纤输出的激光进行准直、聚焦处理,激光和粉末同时输出到工作位置,通过送粉器和熔覆头的同步配合工作,实现粉末激光熔覆功能。

二、激光熔覆技术的设备

1.激光熔覆技术设备的系统组成

激光熔覆成套设备是集光、机、电以及制冷和材料加工技术于一体的大型集成设备。该成套设备由 Laserline 光纤激光器、激光头(配圆光斑激光头及宽带激光头)、传导光纤、激光器专用水冷机组、六轴机器人、两轴变位机、集成控制系统、同轴送粉系统、可移动式平台、安全防护系统等组成,可对各种轴类、盘类、平面类、齿轮类、曲面类等类型零件进行激光淬火、激光熔覆修复、激光合金化,从而达到预期目的。平台的两侧布置设备的辅助部件,包括配气系统、冷却系统、稳压电源、控制柜等。冷水机为激光器及激光头带走热量;稳压电源可以满足激光器稳定的配电要求;同时配置气瓶架,放置氩气、氮气等惰性气体气瓶。激光熔覆设备系统组成如图 3-58 所示,激光熔覆设备系统布局如图 3-59 所示,激光熔覆设备工作的过程如图 3-60 所示。

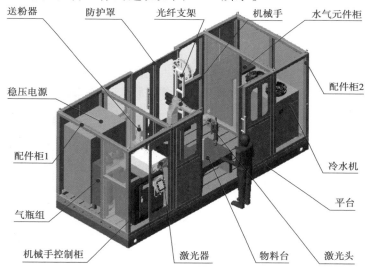

▲图 3-58　激光熔覆设备系统组成示意图

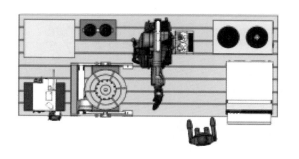
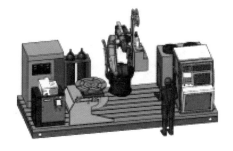

▲图 3-59　激光熔覆设备系统布局图

▲图3-60　激光熔覆工作过程图

2．典型设备

武汉大族金石凯激光系统有限公司是一家专业从事高功率激光工业加工成套设备的研究、开发、生产、销售及技术服务的高新技术企业。该公司的激光加工系统处于国内领先、国际先进水平。该公司生产的6 kW移动式激光熔覆系统的主要配置见表3-14。

表3-14　6 kW移动式激光熔覆系统主要配置表

序号	名称	型号及参数	数量	制造厂家
1	半导体激光器	Laserline LDF6000-100	1套	德国
2	圆光斑激光头	φ4.9 mm，焦距400 mm	1套	德国
	宽带激光头	22 mm×4.9 mm，焦距400 mm	1套	德国
3	冷水机组	制冷量≥18 kW	1套	大族制冷
4	六轴机器人	KR30-3，负载35 kg	1套	KUKA
5	工作平台	5 000 mm×2 000 mm×200 mm	1套	大族金石凯
6	两轴变位机	φ800 mm；载重1 t	1套	大族金石凯
7	集中控制系统	西门子S7-1200	1套	大族金石凯
8	载气式送粉器	HANSGS-TEL，双筒，集中控制	1台	大族金石凯
9	激光送粉头	同轴、旁轴激光熔覆头各一	2套	大族金石凯
10	稳压电源	50 kV·A	1套	—
11	配气系统	含空压机、冷干机、储气罐	1套	—
12	备品备件	光学保护镜等	1套	—

三、激光熔覆技术的常用材料及特点

目前应用广泛的激光熔覆材料主要有：镍基、钴基、铁基合金、碳化物复合材料等，见

表 3-15。

表 3-15　激光熔覆材料分类表

类别		熔覆材料
金属与合金	铁基合金	低碳钢、高碳钢、不锈钢、高碳钼复合粉等
	镍基合金	纯 Ni、镍包铝、铝包镍、NiCr/Al 复合粉、NiAlMoFe、NiCoCrAlY
	钴基合金	纯 Co、CoCrFe、CoCrNiW 等
	有色金属	Cu、铝青铜、黄铜、Cu-Ni 合金、Cu-Ni-In 合金、巴氏合金、Al/Mg/Ti
	难熔金属及合金	Mo、W、Ta 等
	自熔性合金	Fe-Cr-B-Si、Ni-Cr-B-Si、Ni-Cr-Fe-B-Si、Co-Cr-Ni-B-Si-W 等
陶瓷材料	氧化物陶瓷	Al_2O_3、Al_2O_3-TiO_2、Cr_2O_3、TiO_2-CrO_3、SiO_2-Cr_2O_3-ZrO_2(CaO、Y_2O_3、MgO)、TiO_2-Al_2O_3-SiO_2 等
	碳化物	WC、WC-Ni、WC-Co、TiC、VC、Cr_3C_2 等
	氮化物	TiN、BN、ZrN、Si_3N_4 等
	硅化物	$MoSi$、$TaSi_2$、Cr_3Si-$TiSi_2$、WSi_2 等
	硼化物	CrB_2、TiB_2、ZrB_2、WB 等

常用粉末材料的特点及适用性见表 3-16。

表 3-16　常用激光熔覆粉末材料的特点及适用性

合金材料	分类	特点与适用性
自熔性合金	铁基	适于局部耐磨损且易变形零件,成本低,抗氧化性差
	钴基	适于要求耐磨耐腐蚀和抗疲劳零件,价格高,耐高温性好
	镍基	适于局部耐磨耐腐蚀零件,耐冲击,耐热、抗氧化性好,高温性能差
复合粉末	自黏性	与基材结合强度高、具有良好耐磨损、抗冲击性
	碳化物	具有很高的硬度和良好的耐磨性
氧化物陶瓷粉末	氧化铝、氧化镍系列	具有良好抗高温氧化和隔热、耐磨、耐蚀性、硬度高、与基材结合强度差

1. 自熔性合金粉末

在金属粉末中,自熔性合金粉末的研究与应用最多。自熔性合金粉末是指加入具有强烈脱氧和自熔作用的 Si、B 等元素的合金粉末。在激光熔覆过程中,Si 和 B 等元素具有造渣功能,它们优先与合金粉末中的氧和工件表面氧化物一起熔融生成低熔点的硼硅酸盐等覆盖在熔池表面,防止液态金属过度氧化,从而改善熔体对基体金属的润湿能力,减少熔覆层中的夹杂和含氧量,提高熔覆层的工艺成型性能。自开展激光熔覆技术研究以来，人们最先选用的熔覆材料就是 Fe 基、Ni 基和 Co 基自熔性合金粉末。这几类自熔性合金粉末对碳钢、不锈钢、合金钢、铸钢等多种基材有较好的适应性，能获得氧化物含量低、气孔率小的熔覆层。

2. 陶瓷粉末

陶瓷粉末具有高硬度、高熔点、低韧性等特点，因此在激光熔覆过程中可以作为增强项使用。陶瓷材料具有与金属基体差距较大的线胀系数、弹性模量、热导率等热物理性质，而且陶瓷粉末的熔点往往较高，因此激光熔覆陶瓷的熔池温度梯度差距很大，造成很大的热应力，熔覆层容易产生裂纹和空洞等缺陷。激光熔覆陶瓷涂层往往采用过渡熔覆层或者梯度熔覆层的方法来实现。多数陶瓷材料具有同素异晶结构，在激光快速加热和冷却过程中常伴有相变发生，导致陶瓷体积变化而产生体积应力，使熔覆层开裂和剥离。因此，用于激光熔覆的陶瓷熔覆材料必须采用高温下稳定的结构（如 α-Al_2O_3、金红石型 TiO_2）或通过改性处理获得稳定化的晶体结构（如 CaO、MgO、Y_2O_3 稳定化 ZrO_2），这是成功制备陶瓷涂层的重要条件。

激光熔覆使用的陶瓷粉末种类较多，从化学成分上分类，主要包括碳化物粉末氧化物粉末、氮化物粉末、硼化物粉末等。这些陶瓷粉末具有不同的热物理化学性能，与金属黏结相的润湿性和相容性也不尽相同，使用时往往根据具体的要求进行选择。

3. 复合粉末

复合粉末是由两种或两种以上不同性质的固相物质颗粒经机械混合而形成的颗粒。组成复合粉末的成分，可以是金属与金属、金属（合金）与陶瓷、陶瓷与陶瓷、金属（合金）与石墨、金属（合金）与塑料等，范围十分广泛，几乎包括所有固态工程材料。通过不同的组分或比例，可以衍生出各种功能不同的复合粉末，获得单一材料无法比拟的具有优良综合性能的涂层，是激光熔覆行业内品种最多、功能最广、发展最快、使用范围最广的涂层材料。按照复合粉末的结构可分为包覆型、非包覆型和烧结型。目前应用较多的是包覆型和非包覆型复合粉末。包覆型复合粉末的芯核颗粒被包覆材料完整地包覆着；非包覆型复合粉末的芯核材料被包覆材料包覆的程度是不完整的。但这两种材料各组分之间的结合一般都为机械结合。

4. 稀土及其氧化物粉末

稀土及其氧化物粉末目前在激光熔覆中作为改性材料使用。在 2% 添加量以内就可以明显改善激光熔覆层的组织和性能。目前研究较多的是 Ce、La、Y 等稀土元素及其氧化物 CeO_2、La_2O_3、Y_2O_3 等。纯稀土金属极易与其他元素反应，生成稳定的化合物，在熔覆层凝固过程中可以作为结晶核心、增加形核率，并吸附于晶界阻止晶粒长大，显著细化枝晶组织。同时，稀土元素与硫、氧的亲和力极强，又是较强的内吸附元素，易存在于晶界，既强化晶界又净化晶界，在内氧化层前沿阻碍氧化过程继续进行，可明显提高高温抗氧化性能和耐腐蚀性能。另外，稀土粉末还可有效改善熔覆层的显微组织，使硬质相颗粒形状得到改善并在熔覆层中均匀分布。

四、激光熔覆技术的应用领域

激光熔覆加工技术的使用范围和应用领域非常广泛,几乎可以覆盖整个机械制造业,包括矿山机械、石油、化工、电力、冶金、铁路、汽车、船舶、航空、机床、医疗器械、制药、印刷、包装、模具等行业。

1. 航空航天

航空领域的设备或者零件的制造材料大都是稀有的高性能金属,制造成本极高,若利用激光修复手段对失效产品进行再制造,在降低成本提高经济效益的同时还能优化设备性能。例如,飞机的发动机和涡轮叶片的表面出现损伤,考虑成本问题,应尽可能采取手段对其进行再制造修复,考虑到飞机部件严格的疲劳性和硬度要求,激光熔覆技术成了修复飞机零部件表面的最佳手段,如图3-61所示。

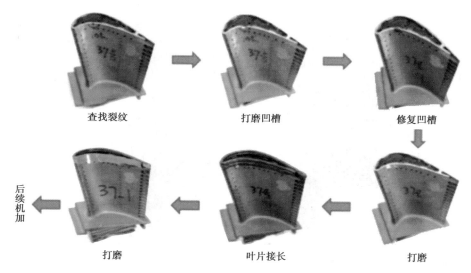

查找裂纹　　　　　　　打磨凹槽　　　　　　　修复凹槽

后续机加　　　　　　　打磨　　　　　　　叶片接长　　　　　　　打磨

▲图 3-61　航空航天涡轮叶片激光修复过程

2. 矿山机械

矿山中的煤机设备用量大,磨损快,由于其工作环境恶劣,零部件损坏速度比较快,常用激光熔覆再制造煤机设备(三机一架,见图3-62)的各种零部件具体如下:

● 采煤机:主机架、摇臂、齿轮、齿轮轴、各种衬套、铰接架、油缸、油缸座、导向滑靴、链轮、销轨轮、驱动轮、截割齿(见图3-62)等;

● 掘进机:油缸、支架、轴、各种衬套、截割齿等;

● 刮板输送机:中部溜槽、过渡槽、齿轮箱体、齿轮、齿轮轴、轴类零件等;

● 液压支架:油缸、底座和支架等的铰接孔、各种衬套等。

除煤机设备中主要的"三机一架"外,扒渣机、电机车、机斗车、绞车、矿车、离心风机、空压机等设备上的轴和轴架类零件、齿轮链轮类零件、壳体类零件都可以使用激光熔覆技术进行再制造修复。

液压立柱活塞杆是矿山设备"液压支架"的重要组成部分,活塞杆的传统处理方式为电镀，由于矿山的工作环境恶劣，导致活塞杆表面镀铬层出现起皮、脱落、腐蚀等现象较为严重，直接影响设备性能和使用寿命。图 3-63 所示为拆解后的油缸活塞杆，其表面拉伤、腐蚀情况较为严重，导致油缸漏液、泄压等情况发生。

采煤机　　　　　　　　　　　　　　掘进机

刮板输送机　　　　　　　　　　　　液压支架

▲图 3-62　三机一架

▲图 3-63　表面拉伤、腐蚀的液压活塞杆

液压活塞杆激光熔覆修复的过程如图 3-64 所示。

（a）熔覆中

（b）熔覆后

（c）加工后

（d）成品入库

▲图 3-64　液压活塞杆激光熔覆修复过程

　　刮板输送机中部槽在去除表面油污、锈蚀层后，采用激光熔覆菱形、条形、人字形以及框型等约 2 mm 厚的立柱粉耐磨带，修复效果较好，如图 3-65 所示。

修复前

修复中

修复后

▲图 3-65　刮板输送机中部槽激光熔覆过程

　　叶轮筒是矿井风机的外罩,在潮湿的矿井环境下工作,叶轮筒的黄铜和内壁之间的铁锈引起铆钉失效,导致铜带"起皮",引起火花,造成安全隐患。通过在叶轮筒内壁铆接黄铜,来防止叶片与叶轮筒碰撞产生火花。铝青铜具有比黄铜和锡青铜更好的力学性能,液态下流动性良好,晶内偏析及疏松倾向小,熔覆后组织致密,耐蚀、耐寒、耐磨,冲击时不产生火花。通过在叶轮筒内壁熔覆一层铝青铜,替代铆接黄铜,可以有效解决"起皮"的问题。叶轮筒无火花熔覆如图3-66所示。

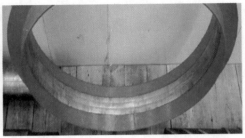

▲图3-66　叶轮筒无火花熔覆

3. 冶金行业

　　钢铁冶金业作为国家的基础工业,所用设备数量大、种类多且消耗快。对冶金行业中的轧辊、导轨、输送辊、夹送辊、剪刃等大量易损件来说,激光熔覆与合金化技术的最大好处是将轧辊的整体合金化变成表面合金化或者熔覆,在生产成本增加有限的前提下,大幅提升轧辊等易损件的使用寿命。典型应用产品有轧辊表面激光毛化、激光拼焊汽车板等,由于钢铁冶金设备中的轧辊、轴类零件等都具有很高的附加值,所以再制造费用仅是原始加工费的20%,并且激光加工效率高,极大缩短了加工周期,推动了再制造的产业化,同时再制造产品的性能比原件有所升级,如图3-67所示。

轧辊激光合金化　　　　　　　　　　　　　　　熔覆中

熔覆后　　　　　　　　　　　　　　　　　　　车磨后

▲图3-67　轧辊表面合金化及激光修复

轧钢机导卫板激光处理后使用寿命提高 2 ~ 3 倍,如图 3-68 所示。

▲图 3-68　轧钢机导卫板激光处理

TRT 转子的修复如图 3-69 所示。轧机轴承支座的修复如图 3-70 所示。高线精轧机齿轮轴的修复如图 3-71 所示。

TRT转子　　　　　　　　修复前　　　　　　　　修复后

▲图 3-69　TRT 转子修复

修复前　　　　　　　　　　　　熔覆中

熔覆后

机械加工处理后

▲图 3-70　轧机轴承支座修复

熔覆中

熔覆后

修复完成

▲图 3-71　高线精轧机齿轮轴修复

冶金行业其他典型应用还包括切割钢材用锯片表面强化、辊道输送辊修复和强化、烧结机台车车轮修复和强化、结晶器修复和强化等，如图 3-72 所示。

切割钢材用锯片表面强化

辊道输送辊修复和强化

烧结机台车车轮修复和强化

结晶器修复和强化

▲图 3-72　冶金行业其他典型应用

4. 石油化工

现代的石化工业基本上采用都是连续大量生产模式,在生产过程中,机器长时间在恶劣的环境下工作,导致设备内元件出现腐蚀、磨损等问题,其中经常会出现问题的零部件包括阀门、泵、叶轮、大型转子的轴颈、轮盘、轴套、轴瓦等,且这些元件十分昂贵,每种零部件的种类繁多,形状大多数都很复杂,修复起来有一定的难度,但是激光熔覆技术很好地解决了这些问题。石油化工行业中的石油钻杆激光熔覆和球阀阀芯修复如图 3-73 所示。

石油钻杆超硬陶瓷涂层激光熔覆　　　　　　　球阀阀芯修复

▲图 3-73　石油化工典型应用

阀杆为阀门零部件,工作条件为高温,磨损后阀门无法密封,经激光熔覆后恢复尺寸并提高其耐磨性,并且耐高温性能也有显著提高,如图 3-74 所示。

熔覆前　　　　　　　　　　　　　　　熔覆后

磨床加工中　　　　　　　　　　　　　修复完成

▲图 3-74　石油化工阀杆修复

石油化工行业典型应用还包括安全阀、截止阀、蝶阀、半球阀等阀门部件的激光修复,如图 3-75 至图 3-76 所示。

修复前

拆解后

修复后

▲图 3-75　安全阀修复

修复前

修复后

▲图 3-76　截止阀修复

5. 交通设备及零部件

在汽车工业上具有广泛的应用，欧美一些国家在汽车发动机的气门座圈上进行表面涂覆，使其表面形成具有耐磨耐热的硬质合金涂层，熔覆表面平整，热影响区极小，不变形，无须校正。俄罗斯在利用激光熔覆修复汽车零件方面成效突出，广泛应用于修复发动机曲轴、凸轮轴、气门和汽车传动轴、万向节接头等易损零件，采用喷涂磁化粉末并经激光熔覆工艺，使显微组织得到细化，零件显微硬度大幅提高，零件表面硬度提高 3 ～ 5 倍，耐磨度提高 8 ～ 15 倍，使用寿命提高 2 ～ 4 倍。

交通运输设备随社会经济的增长快速发展，新的轨道、机车及其零部件的需求量非常大，对主要零部件的数量和性能也提出了更高的要求。激光熔覆技术作为一种绿色环保的先进制造技术，可以广泛应用于轨道交通车辆易磨损失效零部件的新品强化生产和修复再制造，如图 3-76 和图 3-77 所示。

交通设备及零部件典型应用包括机车齿轮轴、机车链轮、铁路机车车轮、机车内燃机活塞顶、曲轴、发动机缸体等零部件的表面强化和激光修复，如图 3-81 所示。

熔覆前

熔覆准备

熔覆后

修复完成

▲图 3-77　半球阀修复

▲图 3-78　蝶阀修复

6. 电力设备及零部件

电力行业激光再制造的典型有:转子、叶片的激光处理;激光热处理对轴的修复;柴油发电机的处理;端盖、齿轮的激光再制造。

铁路机车车轮

熔覆准备

熔覆中

修复完成

▲图 3-79　铁路机车车轮修复

需修复部位

熔覆前

熔覆后

▲图 3-80　机车内燃机活塞顶修复

　　电力设备分布量大、不间断运转,其零部件的损坏概率高。汽轮机是火力发电的核心设备,由于高温高热的特殊工作条件,每年都需定期对损伤的机组零部件进行修复,如主轴轴径、动叶片等。采用激光再制造技术将其缺陷全部修复完好,恢复其使用性能,费用仅为新品的 1/10。

　　电机转子轴在使用过程中轴颈部位易发生磨损,导致其性能下降,激光熔覆可根据客户需要设计特定合金粉末以达到更好修复效果,经激光熔覆后,其性能比基体其他部位更为优越,寿命提高,如图 3-82 所示。

机车齿轮轴

机车链轮

曲轴

发动机缸体

▲图 3-81　交通设备及零部件其他典型应用

熔覆前

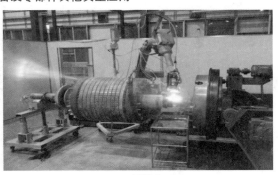
熔覆中

▲图 3-82　电机转子轴修复

　　电厂的发电机中轴,由于安装、使用不当,导致其轴颈发生磨损,影响使用性能,如从厂家重新采购周期较长,直接影响电厂工作,经激光熔覆后,如图 3-83 所示,很快解决了该难题,在最短时间内使电厂恢复正常生产,为客户节约了大量成本,达到双赢的结果。

　　叶轮在使用过程中经常会出现磨损的情况,经激光熔覆后将金属粉末熔覆在基底构件上,极大地加强了叶轮轮片的耐磨度,并使其寿命增长,如图 3-84 所示。

　　电力设备行业其他典型应用还包括电厂磨辊套、电厂喷油嘴等零部件的激光熔覆修复,如图 3-85 所示。

熔覆前

熔覆准备

熔覆中

熔覆后

▲图 3-83　发电机中轴修复

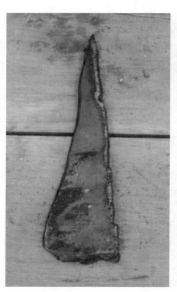
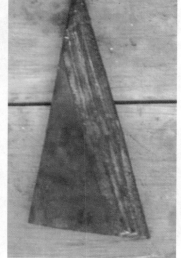
（a）修复前

（b）修复后

▲图 3-84　叶轮叶片修复

电厂磨辊套修复　　　　　　　　电厂喷油嘴修复

▲图 3-85　电力设备其他典型应用

7. 模具行业

对模具使用过程中出现的裂纹、划伤、磨损、崩塌等进行激光熔覆修复处理，能使模具实现激光淬火、激光熔凝淬火、激光熔覆（修复）与激光合金化加工，如图 3-86 所示。在对模具无须预热、后续热处理条件下实现激光熔覆，熔覆面光滑、平整，与模具本体呈现冶金结合，熔覆层硬度能够根据用户模具的工艺要求达到不同硬度级别的要求，熔覆后只要进行少量机械加工就可以直接投入使用；针对用户模具尺寸大、容易局部磨损等需要实现高精度修复的特点，专门开发出激光熔覆合金粉末，能够满足模具的激光热处理与熔覆工艺要求。

（a）玻璃模具　　　　　　　　　（b）管模具

▲图 3-86　模具行业典型应用

8. 流体机械

叶轮、密封环等作为水泵的关键零部件，在设备高速旋转运行过程中，容易磨损，影响其动平衡，从而导致产品报废。在叶轮、密封环新品制造过程中，利用激光熔覆技术在其基体表面形成一层高强度的耐磨层，产品的各项性能将优于使用传统的镀铬工艺。另外，对于维修零件，激光熔覆工艺可以很好地控制变形，达到传统堆焊方式无法达到的修复精度。典型应用如图 3-87 所示。

水泵叶轮轴颈修复

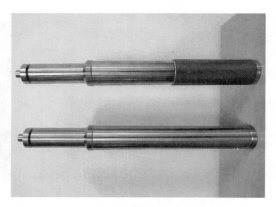

水泵柱塞激光熔覆

调节阀阀芯激光熔覆

激光熔覆强化球阀

▲图 3-87　流体机械的典型应用

9. 其他行业典型应用

激光熔覆技术的应用范围几乎覆盖了整个机械行业，除上述典型行业应用外，其他行业典型应用如图 3-88 所示。

五、国内外主要设备厂家

同轴送粉 3D 打印技术和激光熔覆技术的技术原理类似，涉及的企业都同时拥有两种技术及设备，下面对两种技术的国内外主要企业做统一介绍。

1. 美国 Optomec 公司

Optomec 是一家私人控股公司，总部在美国新墨西哥州阿尔伯克基市，公司的销售部门和支持办事处遍布美国。Optomec 是快速成长的世界先进增材制造系统供应商。Optomec 已获得用于打印电子产品的 AerosolJet 系统专利和用于打印工业金属零件、减少生产成本并提高产品性能的 LENS3D 打印机专利。这些独特的打印方案可广泛用于功能材料，从电子墨水到结构金属甚至生物物质等。Optomec 在全球有 300 多个客户，致力于电子产品、能源、生命科学、航天航空、医疗等领域的生产应用。

在金属 3D 打印技术方面，该公司拥有同时喷印多种金属粉末（包括钛，镍基超级合金，不锈钢和工具钢，铜等）的技术，可用作新型合金研发，将不同金属粉末混合进行激

造纸厂螺旋轴的修复

破碎机轴承位修复

激光强化球阀

齿圈淬火强化

▲图3-88 其他行业典型应用

光烧结,或者逐层喷印不同金属粉末形成共晶层,具备很高的科研价值。该公司的设备具备修复及加工重要金属部件功能。其使用的技术采用了高功率激光、过程控制和完全的环境控制,镜头系统支持许多高性能金属,包括钛、不锈钢和镍铬合金,加工件具有关键应用所需的质量。

2. 中国南京中科煜宸激光技术有限公司

南京中科煜宸激光技术有限公司成立于2013年,中国科学院上海光学精密机械研究所成功孵化的国家级高新技术企业。中科煜宸专业从事激光增材制造装备(3D打印机)、智能激光焊接装备、自动化生产线、核心器件和金属粉末材料的研发与制造。公司的高性能大功率激光增材制造设备及技术在世界处于领先地位,大型送粉式金属3D打印装备采用具有自主知识产权的核心部件(如加工头、送粉器、工艺软件等),其成果已广泛应用于航空航天、汽车、船舶、模具等行业,为以上领域的终端用户提供了上百套智能金属激光增材制造装备,中科煜宸已成为国内首家能提供系列化金属激光增材制造装备的供应商,填补了国内高功率送粉式激光增材制造装备的空白,公司拥有全球最大尺寸(4 500 mm×3 500 mm×3 000 mm)同步送粉3D打印装备。

3. 中国西安铂力特激光成型技术有限公司

西安铂力特激光成型技术有限公司是以西北工业大学凝固技术国家重点实验室为技术依托,由西北工业大学及成员股东共同出资组建的一家高科技股份制企业,是西北工业大学科技成果转化的重要基地之一。

公司主要从事高性能致密金属零件的激光立体成型制造,以及金属零件的激光修复再制造,涵盖各种钛合金、高温合金、不锈钢、模具钢、铝合金等材料。公司拥有授权的中国发明专利 12 项,其中国防发明专利 1 项,实用新型专利 5 项,计算机软件著作权 2 项。公司拥有各种激光成型及修复设备 10 余套,激光器功率涵盖 300～8 000 W。

公司主营业务为金属零件的高效激光成型、精密激光成型、激光修复与再制造,激光新材料制备,以及激光加工相关的设备制造和技术服务等,能为客户提供全方位的技术解决方案。

公司的典型设备是 LSF 系列激光成型修复设备 BLT-C1000,最大成型尺寸为 1 500 mm×1 000 mm×1 000 mm,成型速度为 50～200 g/h,激光器为 4 kW 光纤激光器,定位精度为±0.05 mm/m,水氧含量为 50 ppm,能够实现钛合金、不锈钢、高温合金、高强钢等材料的 3D 打印成型及修复。成型件的整体力学性能达到锻件水平。

4. 中国南京辉锐光电科技有限公司

南京辉锐光电科技有限公司是最早从事工业级激光 3D 打印直接成型和净形修复的企业之一,公司主要从事激光科技领域内的技术开发转让和咨询服务、激光 3D 打印技术服务和设备销售,以及 3D 打印相关软硬件的开发转让。在国内率先建立起集工艺研发、技术服务、设备集成、配件制造、软件控制、辅材供应为一体的全产业链,并在全国工业集中地区建立服务基地,为客户提供完整、便捷的一体化解决方案。公司自主开发出拥有全部自主知识产权的激光净形修复设备,如 Metal+® 1005、iLAM ® R506 等,不仅可以应用于工业产品中高附加值金属零部件的净形修复,如风机叶片、石油钻具、高铁车轮、化工叶轮等高性能产品,还可用于金属直接成型(3D 打印)制造新品。

5. 中国武汉大族金石凯激光系统有限公司

武汉大族金石凯激光系统有限公司成立于 1998 年,主要从事高功率激光加工成套设备的研发、生产和销售。武汉大族金石凯激光系统有限公司是高功率激光加工解决方案的专业提供商。其主要产品包括:激光切割成套设备系列、激光热处理/熔覆成套设备系列、激光焊接成套设备系列、激光打孔成套设备系列等 40 多种不同型号的激光加工设备及其配套产品。这些产品多拥有自主知识产权,广泛应用于钢铁冶金、石油化工、金属材料、烟草及造纸、五金工具、汽车、机械、家电制造等行业,为这些行业攻克了多项技术难题,在国内激光热处理/熔覆设备、高功率齿轮激光焊接设备、香烟水松纸激光打孔设备等多个细分市场的占有率处于领先。

想一想

1. 激光熔覆设备系统由哪些部分组成? 各部分的功能是什么?

2. 激光熔覆技术的主要应用方向包括哪两个方面?

3. 激光熔覆技术的应用行业有哪些? 行业典型应用案例有哪些?